办公软件应用（Windows平台）

Windows 7、Office 2010
职业技能培训教程

（操作员级）

U0336423

教材编写委员会　　编写

北京希望电子出版社
Beijing Hope Electronic Press
www.bhp.com.cn

内 容 简 介

本书根据办公软件应用（Windows 平台）培训和考核标准及操作员级考试大纲编写，共分 8 章，与《试题汇编》一一对应。第 1 章由浅入深地讲解 Windows 7 的基本操作，使读者能够基本掌握该操作系统的使用，为后续学习打下基础；第 2～5 章分别讲述文字录入与编辑、Word 2010 文档的格式设置与编排、文档表格的创建与设置、文档的版面设置与编排；第 6 章和第 7 章讲解 Excel 2010 电子表格工作簿的操作、电子表格中的数据处理；最后一章讲解 Word 和 Excel 的进阶应用。本书可供考评员和培训教师在组织培训、操作练习等方面使用，还可供广大读者学习办公软件应用知识和提高办公软件应用技能使用。

为方便考生练习，全部的素材文件和各章样题的操作视频将在北京希望电子出版社微信公众号、微博，以及北京希望电子出版社网站（www.bhp.com.cn）上提供。

图书在版编目（CIP）数据

办公软件应用（Windows 平台）Windows 7、Office 2010 职业技能培训教程：操作员级 / 教材编写委员会编写. — 北京：北京希望电子出版社, 2013.11

ISBN 978-7-83002-124-5

Ⅰ. ①办… Ⅱ. ①全… Ⅲ. ①Windows 操作系统－技术培训－教材②办公自动化－应用软件－技术培训－教材 Ⅳ. ①TP316.7②TP317.1

中国版本图书馆 CIP 数据核字(2013)第 223862 号

出版：北京希望电子出版社

地址：北京市海淀区中关村大街 22 号

中科大厦 A 座 10 层

邮编：100190

网址：www.bhp.com.cn

电话：010-82620818（总机）转发行部

010-82626237（邮购）

传真：010-62543892

经销：各地新华书店

封面：张 洁

编辑：石文涛 刘 霞

校对：全 卫

开本：787mm×1092mm 1/16

印张：15

字数：356 千字

印刷：北京昌联印刷有限公司

版次：2023 年 10 月 1 版 11 次印刷

定价：43.80 元

国家职业技能鉴定专家委员会
计算机专业委员会名单

主 任 委 员： 路甬祥

副主任委员： 张亚男　周明陶

委　　　员：（按姓氏笔画排序）

丁建民	王　林	王　鹏	尤晋元	石　峰
冯登国	刘　旸	刘永澎	孙武钢	杨守君
李　华	李一凡	李京申	李建刚	李明树
求伯君	肖　睿	何新华	张训军	陈　钟
陈　禹	陈　敏	陈　蕾	陈孟锋	季　平
金志农	金茂忠	郑人杰	胡昆山	赵宏利
赵曙秋	钟玉琢	姚春生	袁莉娅	顾　明
徐广懋	高　文	高晓红	唐　群	唐韶华
桑桂玉	葛恒双	谢小庆	雷　毅	

秘 书 长： 赵伯雄

副 秘 书 长： 刘永澎　陈　彤　何文莉　陈　敏

教材编委会名单

顾　　　问：陈　宇　　陈李翔

主任委员：刘　康　　张亚男　　周明陶

副主任委员：袁　芳　　陈　彤

委　　　员：（按姓氏笔画排序）

丁文花　　马　进　　石文涛　　叶　毅　　皮阳文

朱厚峰　　李文昊　　肖松岭　　肖慧俊　　何新华

张训军　　张发海　　张灵芝　　张忠将　　陈　捷

陈　敏　　赵　红　　徐建华　　阎雪涛　　雷　波

本书执笔人：张　瑜　　张立光　　张彦菲

出 版 说 明

  本书根据办公软件应用（Windows 平台）培训和考核标准及操作员级考试大纲编写，共分 8 章，与《试题汇编》一一对应。第 1 章由浅入深地讲解 Windows 7 的基本操作，使读者能够基本掌握该操作系统的使用，为后续学习打下基础；第 2～5 章分别讲述了文字录入与编辑、Word 2010 文档的格式设置与编排、文档表格的创建与设置、文档的版面设置与编排；第 6 章和第 7 章讲解 Excel 2010 电子表格工作簿的操作、电子表格中的数据处理；最后一章讲解 Word 和 Excel 的进阶应用。本书可供考评员和培训教师在组织培训、操作练习等方面使用，还可供广大读者学习办公软件应用知识和提高办公软件应用技能使用。

  本书执笔人有张瑜、孙静、张立光、张彦菲、颜虹等，并感谢北京智源时代科技有限公司提供技术支持，本书的不足之处敬请批评指正。

目　录

第一章　操作系统应用

Windows 7是由微软公司（Microsoft）开发的操作系统，可供家庭及商业工作环境、笔记本电脑、平板电脑、多媒体中心等使用。2009年10月22日微软于美国正式发布Windows 7。Windows 7操作系统继承部分Vista特性，在加强系统的安全性、稳定性的同时，重新对性能组件进行了完善和优化，部分功能、操作方式也回归质朴，在满足用户娱乐、工作、网络生活中的不同需要等方面达到了一个新的高度。特别是在科技创新方面，实现了上千处新功能和改变，Windows 7操作系统成为了微软产品中的巅峰之作。

本章主要内容
- 操作系统的基本操作
- 操作系统的设置与优化

评分细则
本章有6个评分点，每题8分。

序号	评分点	分值	得分条件	判分要求
1	开机	1	正常打开电源，在Windows 7中进入资源管理器	无操作失误
2	建立考生文件夹	1	文件夹名称、位置正确	必须在指定的驱动器
3	复制文件	1	正确复制指定的文件	复制正确即得分
4	重命名文件	1	正确重命名文件名及扩展名	文件名及扩展名须全部正确
5	操作系统的设置	2	按要求对操作系统进行设置	操作正确得分
6	操作系统的优化	2	按要求对操作系统进行优化	操作正确得分

本章导读
综上所述，我们明确了本章所要求掌握的技能考核点以及对应《试题汇编》单元的评分点、分值和判分要求等。下面先在"样题示范"中展示《试题汇编》中的两道真题，然后详细讲解本章中涉及到的知识点和技能考核点，最后通过"样题解答"来讲解这两道真题的详细操作步骤。

1.1 样题示范一

【练习目的】

从《试题汇编》中选取样题，了解本章题目类型，掌握本章重点技能点。

【样题来源】

《试题汇编》第一单元1.1题（随书光盘中提供了本样题的操作视频）。

【操作要求】

考生按如下要求进行操作。

1．操作系统的基本操作

● **启动"资源管理器"**：开机，进入Windows 7操作系统，启动"资源管理器"。

● **创建文件夹**：在C盘根目录下建立考生文件夹，文件夹名为考生准考证后7位。

● **复制、重命名文件**：C盘中有考试题库"2010KSW"文件夹，文件夹结构如下图所示。根据选题单指定题号，将题库中"DATA1"文件夹内相应的文件复制到考生文件夹中，将文件分别重命名为A1、A3、A4、A5、A6、A7、A8，扩展名不变。第二单元的题需要考生在做该题时自己新建一个文件。

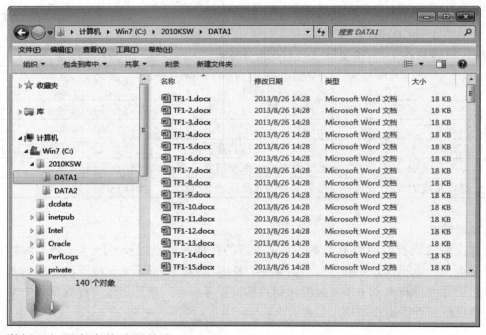

举例：如果考生的选题单为：

单元	一	二	三	四	五	六	七	八
题号	12	5	13	14	15	6	18	4

则应将题库中"DATA1"文件夹内的文件TF1-12.docx、TF3-13.docx、TF4-14.docx、TF5-15.docx、TF6-6.xlsx、TF7-18.xlsx、TF8-4.docx复制到考生文件夹中，并分

别重命名为A1.docx、A3.docx、A4.docx、A5.docx、A6.xlsx、A7.xlsx、A8.docx。

2．操作系统的设置与优化

● 在语言栏中添加"微软拼音 - 简捷2010"输入法。
● 为"附件"菜单中的"截图工具"创建桌面快捷方式。

1.2　样题示范二

【练习目的】

从《试题汇编》中选取样题，了解本章题目类型，掌握本章重点技能点。

【样题来源】

《试题汇编》第一单元1.10题（随书光盘中提供了本样题的操作视频）。

【操作要求】

考生按如下要求进行操作。

1．操作系统的基本操作

● **启动"资源管理器"**：开机，进入Windows 7操作系统，启动"资源管理器"。
● **创建文件夹**：在C盘根目录下建立考生文件夹，文件夹名为考生准考证后7位。
● **复制、重命名文件**：C盘中有考试题库"2010KSW"文件夹，文件夹结构如下图所示。根据选题单指定题号，将题库中"DATA1"文件夹内相应的文件复制到考生文件夹中，将文件分别重命名为A1、A3、A4、A5、A6、A7、A8，扩展名不变。第二单元的题需要考生在做该题时自己新建一个文件。

举例：如果考生的选题单为：

单元	一	二	三	四	五	六	七	八
题号	12	5	13	14	15	6	18	4

则应将题库中"DATA1"文件夹内的文件TF1-12.docx、TF3-13.docx、TF4-14.docx、TF5-15.docx、TF6-6.xlsx、TF7-18.xlsx、TF8-4.docx复制到考生文件夹中，并分别重命名为A1.docx、A3.docx、A4.docx、A5.docx、A6.xlsx、A7.xlsx、A8.docx。

2．操作系统的设置与优化

● 在控制面板中将桌面上"计算机"的图标更改为"C:\2010KSW\DATA2\TuBiao1-10.ico"的样式。

● 在控制面板中将桌面背景更改为"Windows 桌面背景"下"自然"类中的第1张图片。

1.3　操作系统的基本操作

1.3.1　认识Windows 7操作系统

1．Windows 7操作系统的启动

（1）系统启动。

首先连接好计算机电源，按一下主机箱的电源开关，计算机会自动进行自检。自检顺利通过后，系统会进入Windows 7的登录界面，可以在其中通过单击选择要登录的用户名。如果没有设置登录密码，系统会自动登录；如果设置了密码，在"用户账户"图标的下方会出现一个空白文本框，可以在这里输入密码，如图1-1所示。

图1-1

输入正确的密码后，单击按钮 或直接按Enter键，系统将进入Windows 7桌面，如图1-2所示。

图1-2

（2）重新启动。

当运行应用程序出现问题或程序越来越慢时，可以关闭所有打开的应用程序，重新启动计算机。重新启动计算机的操作方法如下。

Windows 7的开始按钮是微软视窗标记 ，单击按钮，弹出"开始"菜单，单击"关机"按钮右侧的下拉按钮，在弹出的快捷菜单中执行"重新启动"命令，如图1-3所示。

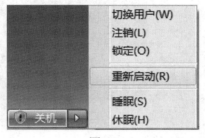

（3）切换用户。

Windows 7是一个多用户操作系统，当登录系统时，单击登录界面上用户名前的图标即可实现多用户登录，每个用户都可以对系统进行自己的个性化设置，并且不同的用户之间互相不影响。

图1-3

为了方便不同的用户快速登录计算机，Windows 7提供了切换用户和注销功能，不仅方便快捷，而且有利于减少对硬件的损耗。

- 切换用户是在不关闭当前用户的情况下切换到另外一个用户。切换用户的操作方法：单击"开始"按钮，弹出"开始"菜单，单击"关机"按钮右侧的下拉按钮，在弹出的快捷菜单中执行"切换用户"命令，如图1-4所示。

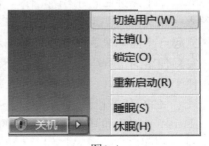

- 注销是保存设置并关闭当前登录用户。注销的操作方法：单击"开始"按钮，弹出"开

图1-4

始"菜单，单击"关机"按钮右侧的下拉按钮，在弹出的快捷菜单中执行"注销"命令。

（4）关闭计算机。

当不再需要使用计算机时，就可以关闭计算机了。关闭计算机的操作方法：单击"开始"按钮，弹出"开始"菜单，单击"关机"按钮，如图1-5所示。

图1-5

2．认识Windows 7的桌面

登录Windows 7后，屏幕上较大的区域称为桌面，使用计算机完成的各种工作都是在桌面上进行的。Windows 7的桌面包括桌面背景、图标、任务栏、开始按钮等部分，如图1-6所示。

图1-6

（1）桌面背景。

桌面背景也称为桌布或者墙纸，是进入Windows系统后对Windows 7的第一印象。同时也是进行Windows操作的开始，Windows 7允许根据个人喜好来更改桌面背景。

（2）图标。

一个图标是一个图形图像，同时也是一种标志，代表了某一个程序和文件，图标是程序或文件的图形表示，在计算机中安装了程序或建立了文件后，这些程序或文件会建立起一个图标来表示自己。单击或双击某个图标可执行命令或迅速地打开程序文件。在实际使用的过程中，可以根据个人的需要，将一些常用的快捷方式图标放到桌面上，以便于使用。

（3）任务栏。

任务栏是位于桌面最底端的蓝色长条。任务是指一个正在运行的程序，Windows 7是一个多任务操作系统，可以让计算机同时做多份工作。Windows 7操作系统在任务栏方面，进行了较大程度的改进和革新，包括将从95、98到2000、XP、Vista都一直沿用的快速启动栏和任务选项进行合并处理。这样，通过任务栏即可快速查看各个程序的运行状态、历史信息等内容。每运行一个程序，就会在任务栏上显示出相应的程序按钮，通过单击任务栏上的程序按钮，可以在多个应用程序中进行切换。如果同时运行的程序过多，Windows 7会自动将同一类型的程序按钮折叠为一个按钮，此时如果想切换到该类型的某一个程序，只要单击该程序按钮，从弹出的列表中选择相应的程序即可。

（4）"开始"按钮。

单击"开始"按钮可弹出"开始"菜单，在此完成所有的任务，如启动应用程序、打开文档、查找文件以及退出系统等等，如图1-7所示。

图1-7

（5）语言栏。

语言栏用于文字输入，可以添加或者删除输入法、切换中/英文输入状态、切换中文输入法以及设置默认输入法等。

（6）通知区域。

任务栏最右边的区域被称为通知区域，也有人称其为系统提示区或系统托盘。在该区域中可以显示活动和紧急的通知图标、隐藏不活动的图标。出现在通知区域里的实际上也是一些程序快捷图标，只不过与快速启动栏的图标相比，这些程序已经是在运行过程中了。但与活动任务区里的运行程序不同，通知区域里的运行程序是在后台运行，而不是在前台运行。

1.3.2 资源管理器

"资源管理器"是Windows操作系统提供的资源管理工具，是Windows的精华功能之一。Windows系统中资源管理器是浏览和查看文件的重要窗口，可以通过资源管理器查看计算机上的所有资源，能够清晰、直观地对计算机上形形色色文件和文件夹进行管理。在Windows 7中，微软对资源管理器进行了很多改进，并赋予了更多新颖有趣的功能，操作更便利。启动"资源管理器"的方法：

方法1：打开"开始"菜单，在"所有程序"的"附件"列表中执行"Windows资源管理器"命令，启动"资源管理器"。

方法2：在任务栏上，右击"资源管理器"快速启动按钮![]，启动"资源管理器"，如图1-8所示。

图1-8

在Windows 7资源管理器中，在窗口左侧的列表区，包含收藏夹、库、计算机和网络等资源。这与Windows XP及Vista系统都有很大的不同，所有的改变都是为了更好地组织、管理及应用资源，从而带来更高效的操作。在菜单栏方面，Windows 7简化了组织方式，一些功能被直接作为顶级菜单置于菜单栏上，如新建库、新建文件夹功能等。而且，一些有必要保留的按钮与菜单栏放置在同一行中，如视图模式的设置。

1.3.3 文件（夹）的基本操作

文件是计算机中的一个重要的概念。计算机中的程序，以及在程序中所编辑的文档、表格等都是以文件的形式存放在计算机中。文件名是文件的标识符号，每个文件都有自己的文件名，文件名由"主文件名.扩展名"组成。按照文件类别和内容，分别把它们存放在一起，存放这些同类信息的地方，叫做文件夹。文件夹可存放文件及子文件夹，Windows以文件夹的形式组织和管理文件。

1．选定文件（夹）

在对文件或文件夹进行操作之前，要先选定对象。首先打开"资源管理器"，在对话框窗口左侧列表区选定指定的文件夹，然后在右侧"内容窗格"中选定所需的文件或文件夹，如图1-9所示。

常见的选定操作如下：

（1）选定单个文件或文件夹：单击对象。

（2）选定一组连续排列的文件或文件夹：将光标放置空白处，按住鼠标并拖拽，此时会出现一个矩形方块，用此方块包含所选对象后，释放鼠标即可。也可以按住Shift键，单击第一个和最后一个选择对象。

图1-9

（3）选定不相邻的文件或文件夹：按住Ctrl键，逐个单击需要选择的文件和文件夹即可。

（4）选定全部文件或文件夹：可用"编辑"菜单中的"全选"命令，也可使用Ctrl+A组合键。

（5）取消选定的一个文件或文件夹：按住Ctrl键，同时单击要取消的项目即可。

（6）取消选定的全部文件或文件夹：在窗口的任意空白处单击即可。

2．打开文件（夹）

要打开一个文件（夹），常用的方法有三种：

方法1：双击要打开的文件（夹），即可激活对应的文件（夹）窗口。

方法2：右击要打开的文件（夹），在打开的快捷菜单中执行"打开"命令，打开该文件（夹）。

方法3：选中要打开的文件（夹），使用菜单栏中的"打开"命令，打开该文件（夹）。

3．新建文件（夹）

要建立一个新的文件，其操作步骤如下：

（1）选择需要建立新文件的文件夹窗口。

（2）选择"文件"菜单中"新建"子菜单中对应的文件格式。例如，选择"Microsoft Word 文档"选项，则在窗口中将出现一个名为"新建Microsoft Word 文档.docx"的文件，如图1-10所示。

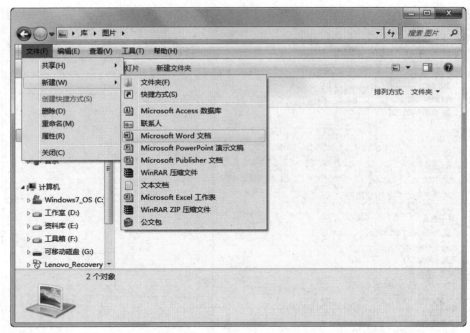

图1-10

（3）为新建的文件（夹）输入一个名字。

（4）按Enter键或单击确认操作。

新建文件夹时，其总是作为某个文件夹的子文件夹，因此在创建新文件夹之前应先选择其父文件夹为当前文件夹。新建文件夹可以使用"文件"菜单中"新建"子菜单中的"文件夹"命令，也可以直接使用菜单栏中的"新建文件夹"命令。

4．复制文件（夹）

将一个或一批文件（夹）从源位置备份至目标位置，并在源位置依旧保留该文件（夹）的操作，称为复制文件（夹）。复制文件和文件夹是计算机之间交流信息最基本的操作。常用的操作方法如下：

方法1：使用拖拽鼠标的方式复制。

可以轻松地通过拖拽鼠标来完成复制的操作。其操作步骤为：首先选定要复制的文件（夹），再打开需要放置的目标文件夹窗口。在选定要复制的文件上按下鼠标右键，不要松开，并拖拽鼠标，这时会发现所选文件图标的阴影随着光标移动。将光标拖拽到目标窗口中，松开鼠标右键，在弹出的快捷菜单中选择"复制到当前位置"选项，即可完成复制操作，如图1-11所示。

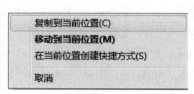

图1-11

复制文件时，如果目标文件夹中已存在同名的文件，系统将会给出一个"复制文件"对话框要求确认是否进行复制，单击"复制和替换"区域，则复制操作继续执行，新文件将覆盖原文件，如图1-12所示。

图1-12

方法2：使用"复制"和"粘贴"命令。

可以使用"复制"和"粘贴"命令来复制文件（夹）。其操作步骤为：首先选定要复制的文件（夹），然后在"编辑"菜单下执行"复制"命令或者使用Ctrl+C组合键。打开要复制到的目标文件夹窗口，在"编辑"菜单下执行"粘贴"命令或者使用Ctrl+V组合键，即可完成复制操作。

5．移动文件（夹）

将一个或一批文件（夹）从源位置移动至目标位置，同时在源位置不再保留该文件（夹）的操作，称为移动文件（夹）。常用的操作方法如下：

方法1：使用拖拽鼠标的方式移动。

选定要移动的文件（夹），打开移动文件要放置的目标文件夹窗口。在选定要移动的文件上按住鼠标左键，并拖拽鼠标，这时会发现所选文件图标的阴影随着光标移动。光标拖拽到目标窗口后，松开鼠标左键，即可完成移动操作。

方法2：使用"剪切"和"粘贴"命令。

可以使用"剪切"和"粘贴"命令来移动文件（夹）。其操作步骤如下：首先选定要移动的文件或文件夹，然后在"编辑"菜单下执行"剪切"命令，或者使用Ctrl+X组合键。打开要移动到的目标文件夹窗口，在"编辑"菜单下执行"粘贴"命令，或者使用Ctrl+V组合键，即可完成移动操作。

6.查看文件（夹）

可以自定义文件夹窗口中文件或子文件夹图标的查看方式，包括以"超大图标"、

"大图标"、"中等图标"、"小图标"、"列表"、"详细信息"、"平铺"、"内容"等显示方式。设置时，可以单击菜单栏中的"更改您的视图"按钮 ▥ ▾，在弹出的下拉列表中进行选择，如图1-13所示。

Windows 7提供了文件预览功能，在不打开文件的情况下即可预览文件内容，非常方便。只需单击菜单栏上的"预览窗格"按钮▣即可。

但对于公用计算机或有着特殊要求的计算机来说，可能并不希望任何用户都能够自由预览系统中的各类文档，这时单击"隐藏预览窗格"按钮▣即可。

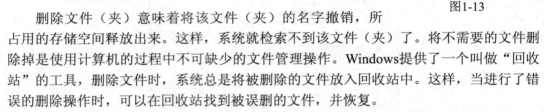

图1-13

7．删除文件（夹）

删除文件（夹）意味着将该文件（夹）的名字撤销，所占用的存储空间释放出来。这样，系统就检索不到该文件（夹）了。将不需要的文件删除掉是使用计算机的过程中不可缺少的文件管理操作。Windows提供了一个叫做"回收站"的工具，删除文件时，系统总是将被删除的文件放入回收站中。这样，当进行了错误的删除操作时，可以在回收站找到被误删的文件，并恢复。

可以使用"删除"命令进行文件的删除操作，其操作步骤为：首先选定要删除的文件（夹），在"文件"菜单中执行"删除"命令，或者直接按Delete键，系统将自动弹出"删除文件"对话框。这时，单击"是"按钮可以确认将文件放入回收站，或者单击"否"按钮取消删除操作。

提示：也可以通过直接将选中的文件（夹）图标拖拽到回收站的图标上来删除文件（夹）。

8．恢复文件（夹）

将已经删除的文件（夹）的名字重新进行登记，将其原来占用的空间重新指派给该文件（夹）使用，称为恢复文件（夹）。恢复文件（夹）的操作不能确保一定成功。Windows提供了一个恢复被删除文件的工具，即回收站。回收站的工作机制是将被删除的文件放到一个队列中，并把最近删除的文件放到队列的最前面。如果队列满了，则最先删除的文件将被永久删除。只要队列足够大，就有机会把几天甚至几周以前删除的文件恢复。

要恢复已被删除的文件，其操作步骤为：首先双击桌面上的"回收站"图标，打开"回收站"窗口。窗口中会列出被删除的文件，选中要恢复的文件，然后在"文件"菜单中执行"还原"命令，或者直接使用菜单栏中的"还原此项目"命令，即可恢复选中的文件（夹）。

提示：也可以在选中的文件图标上右击，在打开的快捷菜单中执行"还原"命令即可恢复文件，或者直接从回收站拖拽选中的文件到某一驱动器或文件夹窗口中，也可恢复该文件。

9．重命名文件（夹）

给某个文件（夹）另起一个名字称为文件（夹）重命名。常用的操作方法如下：

方法1：选中要重命名的文件（夹），在"文件"菜单中执行"重命名"命令。

方法2：选中要重命名的文件（夹），右击，打开快捷菜单，执行"重命名"命令。

方法3：在选中文件或文件夹的名字上单击（注意是选中的文件名，而不是选中的图标）。这时会发现在文件名周围出现一个方框，并且文件名出现蓝色底纹，输入要更改的文件名，输入完毕后，可按Enter键，或在窗口的任意空白处单击，即可完成重命名的操作，如图1-14所示。

图1-14

提示：对文件不正确的重命名可能导致文件打不开，这主要表现在更改了文件的扩展名，而不同的扩展名是与不同的应用程序相关联的。

1.3.4 文件（夹）的属性管理

1．文件（夹）的属性

文件（夹）一般有4种属性：

● 只读：该文件或文件夹只能够读取，不能被修改或删除。

● 隐藏：表示隐藏该文件（夹），即在默认状态下该文件（夹）的图标将不显示，隐藏后虽然该文件或文件夹仍然存在，但常规显示状态下无法查看或使用此文件（夹）。

● 存档：表示文件（夹）被修改或备份过，系统的某些备份程序将根据该属性来确定是否为其建立一个备份。

● 系统：表示该文件是系统文件，具有只读、隐藏属性，不允许用户设置。

2．查看文件属性

要查看文件的属性，常用的操作方法如下：

方法1：选中要查看的文件，在"文件"菜单中执行"属性"命令，即可打开该文件的属性设置对话框，如图1-15所示。

在如图1-15所示的对话框中"常规"选项卡下的第一栏显示该文件的名称及图标，可以在名称框中改变文件的名称。

在第二栏显示文件的类型和打开方式。文件类型一般由文件的扩展名来决定能够对该文件进行何种操作。打开方式则决定了系统将使用哪个应用程序来打开该文件。

在第三栏显示文件的位置、大小和占用空间。其中位置是文件在磁盘中所在的文件夹；大小表示文件的实际大小；占用空间表示文件在磁盘中实际占用的物理空间。

第四栏显示的是文件的创建时间、修改时间和访问时间。

第五栏内列出了文件的属性。

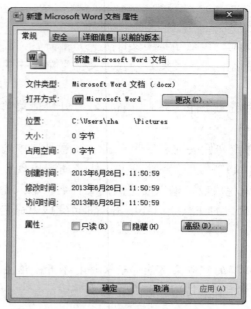

图1-15

方法2：选中要查看的文件，右击，然后从快捷菜单中执行"属性"命令，即可打开该文件的属性设置对话框。

3．查看文件夹属性

查看文件夹属性的方法与查看文件属性的方法基本相同，选中要查看的文件夹，再执行"属性"命令即可。

在"属性"对话框中各栏所显示的内容与文件属性对话框基本相同。另外，可在其中观察到该文件夹中包含几个文件、几个文件夹，如图1-16所示。

图1-16

1.4 操作系统的设置与优化

Windows 7系统安装完成后，安装程序会提供一种默认的标准配置，如字体、输入法、桌面和开始菜单等。但系统所提供的这些默认配置未必适合所有的人，因此可以根据自己的需要和爱好调整Windows 7的各种系统属性。系统优化是指通过对计算机的合理设置、调整和功能维护，以及使用工具软件进行操作，使计算机性能最优化，保证计算机处于理想的工作状态。

1.4.1 字体设置

字体又称书体，是指文字的风格式样，体现字符特定的外观特征。Windows 7中已预装了多种字体，可以根据需要安装或删除。

1. 查看字体

单击"开始"按钮，弹出"开始"菜单，在右侧单击"控制面板"按钮，打开"控制面板"窗口，单击"字体"图标进入字体管理界面，就可以看到系统已经安装的字体。在该窗口中可以预览、删除、显示或隐藏计算机上安装的字体，如图1-17所示。

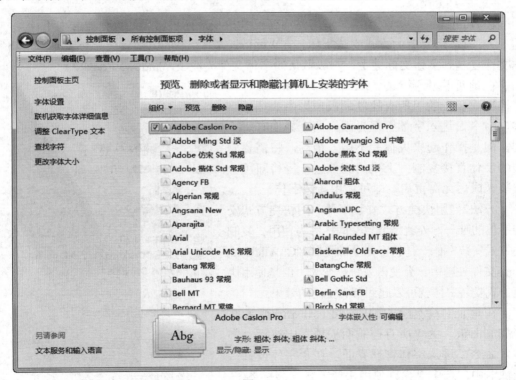

图1-17

在该窗口中，双击某一字体的图标，或在快捷菜单中执行"预览"命令，打开该字体样例窗口，可以查看该字体的相关信息及显示效果，如图1-18所示（以黑体为例）。

单击"打印"按钮则可以使用该字体打印一个范本。

图1-18

2. 安装字体

在Windows 7中，安装字体的方法有了一些改变，两种常用的操作方法如下：

方法1：用复制的方式安装字体。在Windows 7下复制的方式安装字体就是直接将字体文件复制到字体文件夹中，一般默认的字体文件夹在C:\Windows\Fonts中。

在地址栏中输入C:\Windows\Fonts或者在"控制面板"的"所有控制面板项"中执行"字体"命令，进入字体管理界面，两个界面有所不同，但是操作起来大体差不多。最后，将需要安装的字体直接复制到上述的文件夹，等待即可。安装完成后无需重启，即可调用新装字体。

方法2：用快捷方式安装字体。用快捷方式安装字体的唯一好处就是节省空间，因为使用"复制的方式安装字体"是将字体全部复制到C:\Windows\Fonts文件夹当中，会使得系统盘变大，但是使用快捷方式安装字体就可以起到节省空间的效果。

在地址栏中输入C:\Windows\Fonts或者在"控制面板"的"所有控制面板项"中执行"字体"命令，进入字体管理界面，在"字体设置"选项卡中，选中"允许使用快捷方式安装字体(高级)(A)"复选框，单击"确定"按钮。找到字库文件夹，选择所需字体后右击，在弹出的快捷菜单中执行"作为快捷方式安装(S)"命令即可，如图1-19所示。

图1-19

3. 删除字体

可以将不需要的字体从系统中删除。在地址栏中输入C:\Windows\Fonts或者在"控制面板"的"所有控制面板项"中双击"字体"选项,进入字体管理界面,选择准备删除的字体,然后在快捷菜单中执行"删除"命令,在自动弹出的询问对话框中单击"是"按钮,即可将选择的字体删除。

1.4.2 输入法管理

在安装Windows 7操作系统时,已预装了微软拼音输入法、英语输入法等。也可以自行添加其他输入法,或删除已安装的输入法。

1. 安装和删除输入法

安装和删除输入法的操作步骤如下:

(1)在"控制面板"的"所有控制面板项"中执行"区域和语言"命令,打开"区域和语言"对话框。在"键盘和语言"选项卡下单击"更改键盘"按钮,如图1-20所示。

(2)打开"文本服务和输入语言"对话框,在"常规"选项卡下单击"添加"按钮,弹出"添加输入语言"对话框,选择要添加的输入语言,单击"确定"按钮,如图1-21所示。所安装的中文输入法就出现在"已安装的服务"列表框中,再单击"应用"或"确定"按钮,所选的输入法即被添加成功。

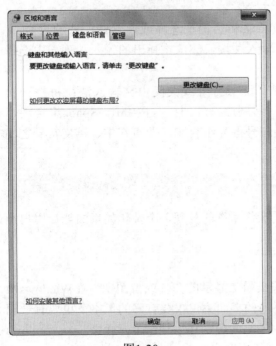

图1-20

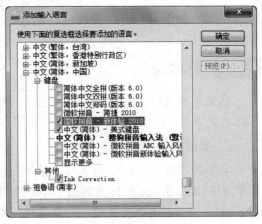

图1-21

(3)在"文本服务和输入语言"对话框的"已安装的服务"列表框中,选择要删除的输入语言,单击"删除"按钮,即可将该输入法删除。

2．默认输入语言

在"文本服务和输入语言"对话框的"默认输入语言"列表框中，选择要设置的输入语言，单击"应用"或"确定"按钮即可，如图1-22所示。

图1-22

3．选择输入语言

在Windows 7操作系统中，可以通过菜单法和热键法选择或设置输入法的语言。

方法1：菜单法。单击任务栏中的语言输入法按钮，在弹出的输入法列表中选择一种输入语言，就可以进行文字输入了。

方法2：热键法。按Ctrl+Space组合键，即可打开或关闭中文输入法；每按一次Ctrl+Shift组合键，可在已安装的输入法之间按顺序循环切换；按Shift+Space组合键，即可在全角和半角之间切换；按Ctrl+．（句号键）组合键，即可在中、英文符号之间切换。

1.4.3 美化桌面

桌面是对系统进行操作的一种媒介，是操作系统的外观，个性化的桌面能让用户操作起来更方便。

1．更改桌面背景

桌面的背景也可以称为墙纸，是可以在桌面上显示的图片或者图像，在Windows操作系统中墙纸是用来装饰桌面用的。一个绚丽的桌面不仅仅要有好的风格，更要有一幅动人的画卷——背景来展现。所以选择一幅最好的图片作为墙纸非常重要。在Windows 7中，使用任何图片格式，系统都可自动处理。更改桌面背景的操作方法如下：

在"控制面板"的"所有控制面板项"中执行"显示"命令，进入显示管理界面。在"更改桌面背景"选项卡中，在"图片位置"下拉列表中选择图片库，然后选择所需图片，如图1-23所示。

图1-23

如果对系统所提供的背景都不满意，想使用保存在自己计算机里的图片作背景，只需单击"浏览"按钮 [浏览 (B)...]，从弹出的对话框中查找并选择想要作为背景的图片文件即可。

如果要调整图片在桌面中的位置，可以在"图片位置"下拉列表中选择填充、适应、拉伸、平铺或居中等效果，如图1-24所示。

如果所选图片尺寸较小，当选择"居中"位置后不能完全覆盖整个桌面，图片的周围会露出背景色，那么只需执行"更改背景颜色"命令，打开"颜色"对话框，选择所需颜色作为背景色即可，如图1-25所示。

图1-24

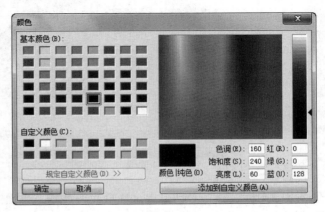

图1-25

2．更改桌面图标

对于桌面上的几个系统默认的图标，例如"计算机"、"回收站"等，可以通过设置更改它们的样式，以设计出个性化的桌面图标。更改桌面图标样式的操作方法如下：

在"控制面板"的"所有控制面板项"中执行"个性化"命令，进入个性化管理界面，如图1-26所示。单击"更改桌面图标"选项卡，打开"桌面图标设置"对话框，如图1-27所示。

图1-26

图1-27

在"桌面图标设置"对话框中，选择允许显示在桌面上的常用图标项目，其中可选项包括"计算机"、"回收站"、"用户的文件"、"控制面板"和"网络"。可以根据自己的需要选择前面的复选框来确定将在桌面上显示哪些项目图标。

如果要更改图标的样式，单击"更改图标"按钮，系统将打开"更改图标"对话框，可以在"从以下列表选择一个图标"列表框中选择一个自己喜欢的图标选项，或单击"浏览"按钮找到并打开制作好的图标文件，两次单击"确定"按钮即可返回至桌面查看新图标样式替代旧图标样式的效果了，如图1-28所示。

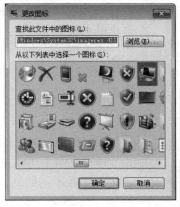

图1-28

3．创建桌面快捷方式

快捷方式是Windows系统为方便用户而设计的一个快捷功能，可以快速打开各种文件。可以把快捷方式图标放在自己喜欢的位置上，例如桌面、开始菜单或指定的文件夹。尤其使用桌面上建立的快捷方式，能够大大简化启动步骤。

（1）创建桌面快捷方式。

在桌面上创建快捷方式的常用方法如下：

单击"开始"按钮，在弹出的快捷菜单中找到相应项目的位置（此处以"附件"中的"计算器"为例），右击，在打开的快捷菜单中执行"发送到"→"桌面快捷方式"命令，即可在桌面上创建该程序的快捷方式，如图1-29所示。或者按住Ctrl键不放，将选中的项目直接拖放至桌面上，也可以建立相应的快捷方式。

图1-29

不仅可以为程序设置桌面快捷方式，还可以将程序锁定到任务栏。单击"开始"按钮，在弹出的快捷菜单中找到相应项目的位置，右击，在打开的快捷菜单中执行"锁定到任务栏"命令即可。

（2）卸载桌面快捷方式。

要卸载桌面快捷方式，只需右击快捷方式图标，在弹出的快捷菜单中执行"删除"命令即可。

4．添加桌面小工具

Windows 7桌面小工具是Windows 7操作程序新增功能。一些小工具需要联网才能使用，一些小工具不用联网。

（1）添加桌面小工具。

在"控制面板"的"所有控制面板项"中执行"桌面小工具"命令，进入小工具管理界面。选择所需小工具右击，在弹出的快捷菜单中执行"添加"命令，该小工具即被添加到桌面，如图1-30所示。

图1-30

（2）设置桌面小工具。

若要更改小工具，可以把鼠标指针拖到小工具上，小工具右侧就会出现工具栏（以时钟为例），单击"选项"按钮。在弹出的"时钟"对话框中对时钟的名称、时区等进行设置，单击"确定"按钮即可，如图1-31所示。

（3）删除桌面小工具。

若要更改小工具，只需把鼠标指针拖到小工具上，小工具右侧就会出现工具栏，单击"关闭"按钮即可。

（4）卸载桌面小工具。

若要永久卸载小工具，需要在"控制面板"的"所有控制面板项"中执行"桌面小工具"命令，进入小工具管理界面。选择所需小工具右击，在弹出的快捷菜单中执行"卸载"命令，如图1-32所示。

图1-31

图1-32

5．设置日期和时间

如果系统的日期和时间不正确，可以在Windows 7中调整过来。设置日期和时间常用的操作方法如下：

在"控制面板"的"所有控制面板项"中执行"日期和时间"命令，打开"日期和时间"对话框，在"日期和时间"选项卡下可以对系统的日期和时间进行设置，如图1-33所示。

● 单击"更改日期和时间"按钮，打开"日期和时间设置"对话框，可以查看和更改系统的日期和时间，如图1-34所示。

图1-33   图1-34

● 单击"更改时区"按钮，打开"时区设置"对话框，可以查看和更改系统的时区，如图1-35所示。

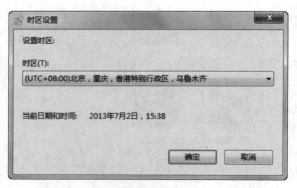

图1-35

1.5　样题一解答

　随书光盘中提供了本样题的操作视频。

1．操作系统的基本操作

第1步：进入Windows 7操作系统后执行"开始"→"所有程序"→"附件"→"Windows 资源管理器"命令，如图1-36所示。或在"开始"按钮上右击，在弹出的快捷菜单中执行"打开Windows资源管理器"命令，也可打开资源管理器的窗口。

第2步：在资源管理器左侧窗格中选择"本地磁盘（C：）"，在右侧窗格的空白位置右击，在弹出的快捷菜单中执行"新建"→"文件夹"命令。

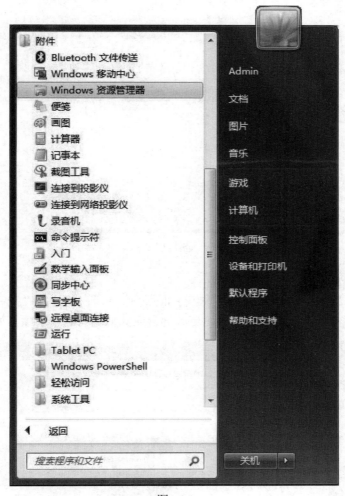

图1-36

第3步：在右侧窗格中出现了一个新建的文件夹，并且该文件夹名处于可编辑状态，输入考生准考证后7位作为该文件夹名称，如图1-37所示。

第4步：在资源管理器左侧窗格中依次打开C:\2010KSW\DATA1文件夹，根据选题单在右侧内容窗格中选择相应的文件。

第5步：执行"编辑"→"复制"命令，将选中的素材文件复制到剪切板中。在资源管理器左侧文件夹窗口中打开新建的考生文件夹，再执行"编辑"→"粘贴"命令，则素材文件被复制到考生文件中。

第6步：依次在考生文件夹中相应的素材上右击，在弹出的快捷菜单中执行"重命名"命令，根据操作要求对复制的每个文件进行重命名，重命名时注意不要改变原考题文件的扩展名。

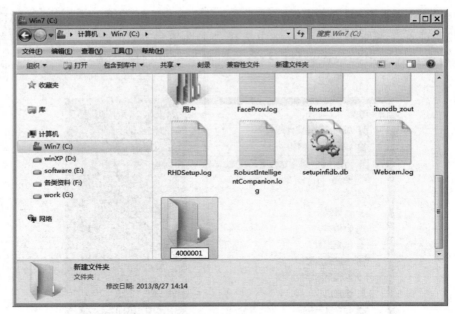

图1-37

2．操作系统的设置与优化

第7步：在"开始"菜单中执行"控制面板"命令，在打开的"控制面板"窗口中单击"时钟、语言和区域"选项下的"更改键盘或其他输入法"选项，如图1-38所示。

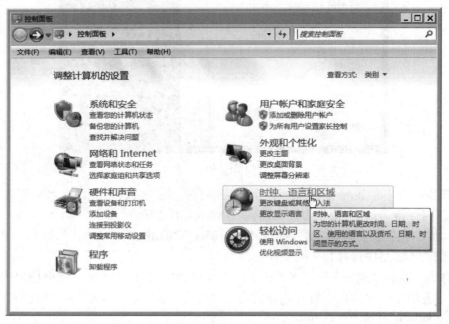

图1-38

第8步：打开"区域和语言"对话框，在"键盘和语言"选项卡下单击"更改键盘"按钮，如图1-39所示。

图1-39

第9步：在打开的"文本服务和输入语言"对话框中单击"添加"按钮，打开"添加输入语言"对话框，在"使用下面的复选框选择要添加的语言。"列表框中选中"微软拼音 - 简捷2010"复选框，如图1-40所示。单击"确定"按钮返回至"文本服务和输入语言"对话框，再次单击"确定"按钮即可完成输入法的添加。

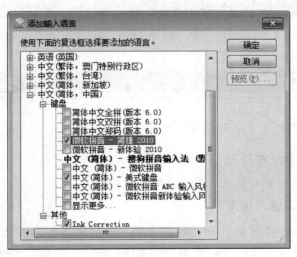

图1-40

第10步：执行"开始"→"所有程序"→"附件"命令，右击"截图工具"选项，在打开的下拉菜单中执行"发送到"选项下的"桌面快捷方式"命令，如图1-41所示，即可在桌面创建"截图工具"的快捷方式。

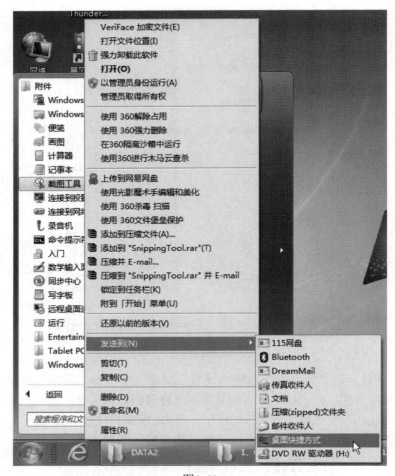

图1-41

1.6 样题二解答

 随书光盘中提供了本样题的操作视频。

1．操作系统的基本操作

第1～6步请参考样题一的相应解答步骤，此处略。

2．操作系统的设置与优化

第7步：依次执行"开始"→"控制面板"→"外观和个性化"→"个性化"命令，在打开的"个性化"窗口中，单击左侧窗格中的"更改桌面图标"选项。

第8步：在弹出的"桌面图标设置"对话框中，选中预览区域的"计算机"图标，单击下方的"更改图标"按钮，如图1-42所示。

第9步：在弹出的"更改图标"对话框中，单击"浏览"按钮，选择C:\2010KSW\DATA2路径下的图标文件TuBiao1-10.ico，单击"确定"按钮，如图1-43所示。返回至

"桌面图标设置"对话框。再次单击"确定"按钮，即可完成对桌面图标的更改。

图1-42

图1-43

第10步：执行"开始"→"控制面板"命令，选择"外观和个性化"选项下的"更改桌面背景"选项。

第11步：在"桌面背景"窗口中，图片位置选择"Windows 桌面背景"，在下方预览窗格中选择"自然"类中的第1张图片，单击"保存修改"按钮，即可完成对桌面背景的更改。

第二章 文字录入与编辑

Word文档的基本操作，包括创建新文档、保存文档、打开文档和关闭文档等。只有了解了这些基本的操作，才能更好地使用Word文档。

录入和编辑文本是Word 2010最主要的功能之一。在Word中可以录入文本、符号、编辑文本等操作，这是整个文档编辑过程的基础。

本章主要内容
- Word文档的基本操作
- 文本录入与编辑

评分细则
本章有6个评分点，每题10分。

序号	评分点	分值	得分条件	判分要求
1	创建新文件	1	在指定文件夹中正确创建A2.docx	内容不作要求
2	文字、字母录入	1	有汉字和字母	正确与否不作要求
3	标点符号、特殊符号的录入	1	有中文标点符号，有特殊符号	须使用插入"符号"技能点
4	录入准确率	4	准确录入样文中的内容	录入错（少、多）均扣1分，最多扣4分
5	复制粘贴	1	正确复制、粘贴指定内容	内容、位置均须正确
6	查找替换	2	将指定内容全部更改	使用"查找/替换"技能点，有一处未改不给分

本章导读
综上所述，我们明确了本章所要求掌握的技能考核点以及对应《试题汇编》单元的评分点、分值和判分要求等。下面先在"样题示范"中展示《试题汇编》中的一道真题，然后详细讲解本章中涉及到的知识点和技能考核点，最后通过"样题解答"来讲解这道真题的详细操作步骤。

2.1 样题示范

【练习目的】

从《试题汇编》中选取样题，了解本章题目类型，掌握本章重点技能点。

【样题来源】

《试题汇编》第二单元2.1题（随书光盘中提供了本样题的操作视频）。

【操作要求】

1. **新建文件**：在Microsoft Word 2010程序中，新建一个文档，以A2.docx为文件名保存至考生文件夹。

2. **录入文本与符号**：按照【样文2-1A】，录入文字、数字、标点符号、特殊符号等。

3. **复制粘贴**：将C:\2010KSW\DATA2\TF2-1.docx中全部文字复制到考生录入的文档之后。

4. **查找替换**：将文档中所有"核站"替换为"核电站"，结果如【样文2-1B】所示。

【样文2-1A】

※世界上一切物质都是由原子构成的，原子又是由原子核和它周围的电子构成的。轻原子核的融合和重原子核的分裂都能放出能量，分别称为"核聚变能"和"核裂变能"，简称【核能】。※

自1951年12月美国实验增殖堆1号首次利用【核能】发电以来，世界核电至今已有50多年的发展历史。截止到2005年年底，全世界核电运行机组共有440多台，其发电量约占世界发电总量的16%。

【样文2-1B】

※世界上一切物质都是由原子构成的，原子又是由原子核和它周围的电子构成的。轻原子核的融合和重原子核的分裂都能放出能量，分别称为"核聚变能"和"核裂变能"，简称【核能】。※

自1951年12月美国实验增殖堆1号首次利用【核能】发电以来，世界核电至今已有50多年的发展历史。截止到2005年年底，全世界核电运行机组共有440多台，其发电量约占世界发电总量的16%。

火力发电站利用煤和石油发电，水力发电站利用水力发电，而核电站是利用原子核内部蕴藏的能量产生电能的。新型发电站核电站大体可分为两部分：一部分是利用核能生产蒸汽的核岛，包括反应堆装置和一回路系统；另一部分是利用蒸汽发电的常规岛，包括汽轮发电机系统。

在发达国家，核电已有几十年的发展历史，核电已成为一种成熟的能源。我国的核工业也已有40多年发展历史，建立了从地质勘察、采矿到元件加工、后处理等相当完整的核燃料循环体系，已建成多种类型的核反应堆并有多年的安全管理和运行经验，拥有一支专业齐全、技术过硬的队伍。核电站的建设和运行是一项复杂的技术。我国目前已经能够设计、建造和运行自己的核电站。秦山核电站就是由我国自己研究设计建造的。

2.2 Word文档的基本操作

2.2.1 创建文档

想在Word文档中进行输入或编辑等操作，首先要创建文档。在Word 2010中新建文档有很多种类型，比如新建空白文档、基于模板的文档、博客文章等。

1．新建空白文档

在启动Word 2010应用程序后，系统会自动新建一个名为"文档1"的空白文档。除此之外，还可以使用以下两种方法新建空白文档。

方法1：在"快速访问工具栏"中单击"新建"按钮，即可新建一个空白文档，如图2-1所示。

图2-1

方法2：单击"文件"选项卡，在打开的下拉菜单中执行"新建"命令，在"可用模板"中选择"空白文档"选项，然后单击"创建"按钮即可，如图2-2所示。

图2-2

2．使用模板新建文档

模板决定了文档的基本结构和文档设置，使用模板可以统一文档的风格，加快工作速度。使用模板新建文档时，文档中就自动带有模板中的所有设置内容和格式了。

操作步骤：单击"文件"选项卡，在打开的下拉菜单中执行"新建"命令，在"可用模板"的"样本模板"中选择计算机上的可用模板，然后单击"创建"按钮，即可打开一个应用了所选模板的新文档。

另外，Office.com 上的"模板"网站为多种类型的文档提供了模板，包括简历、求职信、企业计划、名片和 APA 样式文档等。在"可用模板"的"Office.com模板"中选择一个链接，依次选择所需模板，然后单击"下载"按钮，即可打开一个应用了所选模板的新文档。

提示：要下载Office.com下列出的模板，必须连接到Internet。

2.2.2 打开文档

打开文档是Word的一项最基本的操作，如果要对保存的文档进行编辑，首先需要将其打开。要打开一个Word文档，通常是通过双击该文档的方式来打开，还有其他方法可以打开文档，可以按照自己的习惯选择打开方式。常用的操作方法如下：

方法1：打开文档所在的文件夹，双击文档的图标即可将其打开。

方法2：单击"文件"选项卡，在打开的下拉菜单中执行"打开"命令，在弹出的"打开"对话框中选择目标文件，单击"打开"按钮即可，如图2-3所示。

图2-3

方法3：在"快速访问工具栏"中单击"打开"按钮 ，或按Ctrl+O组合键都可弹出"打开"对话框，进行目标文件的选择。

2.2.3 保存文档

在编辑文档的过程中，应及时保存对文档内容所做的更改，以避免遇到断电、死机、系统自动关闭等特殊情况造成的文档内容丢失。保存文档分为保存新建文档、保存已有的文档、将现有文档另存为其他格式的文档和设置自动保存。

1. 保存新建文档

新建和编辑一个文档后，需要执行保存操作，下次才能打开或继续编辑该文档。常用的操作方法如下：

方法1：单击快速访问工具栏中的"保存"按钮 。

方法2：按Ctrl+S组合键快速保存文档。

方法3：单击"文件"选项卡，在打开的下拉菜单中执行"保存"命令，在打开的"另存为"对话框中输入文件名，并选择保存类型和保存位置，即可保存新建文档，如图2-4所示。

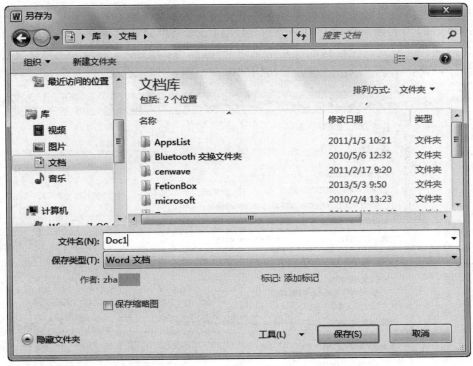

图2-4

2．保存已有的文档

对已经保存过的文档进行编辑之后，可以通过以下方法保存：

方法1：单击快速访问工具栏中的"保存"按钮 。

方法2：按Ctrl+S组合键快速保存文档。

方法3：单击"文件"选项卡，在打开的下拉菜单中执行"保存"命令，即可按照原有的路径、名称以及格式进行保存。

3．另存为其他文档

对打开的文档进行编辑后，如果想将文档保存为其他名称或其他类型的文件，可以对文档进行"另存为"操作。单击"文件"选项卡，在打开的下拉菜单中执行"另存为"命令，在打开的"另存为"对话框中输入文件名，并选择保存类型和保存位置，即可将文档另存为其他文档。

另外，还可以直接按F12键，快速打开"另存为"对话框进行设置。

 提示：如果以相同的格式另存文档，那么需要更改文档保存的位置或名称；如果要与源文件保存在同一个文件夹中就必须重命名该文档。

4．自动保存文档

使用Word的自动保存功能，可以在断电或死机等突发情况下最大限度地减小损失。要想将正在编辑的文档设置为自动保存，只要单击"文件"选项卡，在打开的菜单中单击下方的"选项"按钮，打开"Word选项"对话框。在"保存"选项卡下，可以设置文档保存的格式、保存自动恢复信息时间间隔、自动恢复文件位置及默认文件位置等选项。设置完毕后，单击"确定"按钮即可，如图2-5所示。

图2-5

2.2.4 关闭文档

对文档完成所有的编辑操作并保存后，就需要将该文档关闭，以保证文档的安全。常用的操作方法如下：

方法1：单击"文件"选项卡，在打开的菜单中执行"关闭"命令即可关闭当前文档。

方法2：单击标题栏右侧的"关闭"按钮 ，即可关闭当前文档。

方法3：在文档标题栏中右击，在弹出的快捷菜单中执行"关闭"命令，即可关闭当前文档，如图2-6所示。

方法4：按Ctrl+F4组合键或Alt+F4组合键同样可以关闭当前文档。

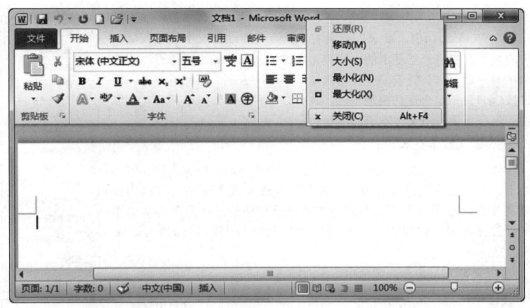

图2-6

2.3　文本录入与编辑

录入和编辑文本是Word 2010最主要的功能之一。在Word中可以录入文本、符号、编辑文本等操作，这是整个文档编辑过程的基础。

2.3.1　录入文本

录入文本是Word 2010的一项基本操作，在文档中可以录入的内容很多，如中文文本、英文文本、数字文本、各种符号等。录入文本的方法很简单，只需将光标定位在要录入文本的位置，然后在光标闪烁处录入需要的内容即可。

1．录入英文文本

将光标定位至需要录入英文文本的位置，然后将输入法切换到输入状态下，就可以通过键盘直接录入英文、数字及标点符号。录入英文文本时需要注意以下几点：

- 当需要连续录入多个大写英文字母时，按Caps Lock键即可切换到大写字母录入状态，再次按该键可切换回小写录入状态。
- 当需要录入单个大写字母时，只需在按住Shift键的同时按下对应的字母键即可。
- 当需要录入小写字母时，只需在小写字母录入状态下敲击相应的字母键即可。
- 按Enter键，插入点自动切换至下一行的行首。
- 按空格键，在插入点的左侧插入一个空格符号。

2．录入中文文本

在Word 2010中，要录入中文文本，首先要选择汉字的输入法。一般系统会自带一些基本的、比较常用的输入法，如微软拼音、智能ABC等。还可以自行安装一些输入法，如王码五笔、极品五笔等。通过按Ctrl+Shift组合键切换输入法，选择好一种中文输入法后，就可以在插入点处录入中文文本了。

3．录入数字文本

数字符号分为西文半角、西文全角、中文小写、中文大写、罗马数字、类似数字符号等几种。通常使用软键盘录入数字符号和类似数字符号，右击输入法提示行中的软键盘按钮▦，在弹出的菜单中可以选择需要的键盘类型，不同的选择允许录入不同的符号，如图2-7所示。

✓	1 PC 键盘
	2 希腊字母
	3 俄文字母
	4 注音符号
	5 拼音字母
	6 日文平假名
	7 日文片假名
	8 标点符号
	9 数字序号
	0 数字符号
	A 制表符
	B 中文数字/单位
	C 特殊符号
▦	关闭软键盘(L)
	取消

图2-7

（1）西文半角与西文全角数字的输入方法。

种类	输入方法	10以内字符									
西文半角	半角状态下使用英文键盘	0	1	2	3	4	5	6	7	8	9
西文全角	全角状态下使用英文键盘	0	1	2	3	4	5	6	7	8	9

（2）中文小写与中文大写数字的输入方法。

种类	输入方法	10以内字符									
中文小写	软键盘下的单位符号	〇	一	二	三	四	五	六	七	八	九
中文大写	软键盘下的单位符号	零	壹	贰	叁	肆	伍	陆	柒	捌	玖

中文数字/单位软键盘

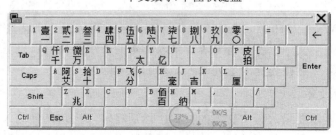

（3）罗马数字的输入方法。

种类	输入方法	10以内字符								
罗马数字	软键盘下的数字序号	I	II	III	IV	V	VI	VII	VIII	IX

（4）类似数字符号主要有西文符号、中文符号两种，其输入方法为：

种类	输入方法	10以内字符										10以上字符
西文符号		1.	2.	3.	4.	5.	6.	7.	8.	9.	10.	11.12.13.14.15.16.17.18.19.20.
西文符号	软键盘下的数字序号	(1)	(2)	(3)	(4)	(5)	(6)	(7)	(8)	(9)	(10)	(11)(12)(13)(14)(15)(16)(17)(18)(19)(20)
西文符号		①	②	③	④	⑤	⑥	⑦	⑧	⑨	⑩	
中文符号		(一)	(二)	(三)	(四)	(五)	(六)	(七)	(八)	(九)	(十)	

数字序号软键盘

4．录入标点符号

标点符号分为英文标点符号和中文标点符号两种。

英文标点符号：了解英文标点符号用法，对于更好地完成英文打字，提高工作效率很有帮助。下面简要介绍英文标点符号的用法。

- 句号（.）：在句末使用，表示一个句子的结束，后面要空两格；在缩写词后表示缩写使用，其后空一格，多个缩写字母连写，句点与字母之间不留空格；做小数点使用，后面不留空格。
- 问号（?）：在句子的结尾使用，表示直接疑问句。
- 叹号（!）：在句子的结尾使用，表示惊讶、兴奋等情绪。
- 逗号（,）：用于表示句子中的停顿，也用于排列3个或以上的名词。
- 单引号（'）：可以表示所有格或缩写，也可以表示时间"分"或长度"英尺"。
- 引号（"）：可以表示直接引出某人说的话，也可以表示时间"秒"或长度"英寸"。
- 冒号（:）：用于引出一系列名词或较长的引语。
- 分号（;）：用于将两个相关的句子连接起来，当和逗号一起使用时引出一系列名词。
- 破折号（—）：表示在一个句子前作总结，也可表示某人在说话过程中被打断。
- 连字符（-）：表示连接两个单词、加前缀或在数字中使用。
- 省略号（…）：又称删节号，用来表示引文中的省略部分或语句中未能说完的部分，也可表示语句中的断续、停顿、犹豫。
- 斜线号（/）：用于分隔可替换词、可并列词；表示某些缩略语；用于速度、度量衡等单位和某些单位组合中；用于诗歌分行等。

中文标点符号：分为点号和标号两类。点号的作用是点断，表示语句的停顿或语气。标号的作用主要用于标明语句、词、字、符号等的性质和作用。

（1）点号。

- 句号（。或 .）：用于表示完整句末、舒缓语气祈使句末的停顿。句点"."用在数理科学著作和科技文献中。
- 问号（?）：用于表示疑问句末、反问句末的停顿，也用于作为存疑的标号。
- 叹号（!）：用于表示感叹句末、强烈祈使句和反问句末的停顿。

- 逗号（，）：用于表示主谓语间、动词与宾语间、句首状语后、后置定（状）语前、复句内各分句间的停顿。
- 顿号（、）：用于表示句子内部并列字、词语、术语间的停顿。
- 分号（；）：用于表示复句内并列分句之间的停顿。也表示分行列举的各项之间。
- 冒号（：）：用在称呼语后边，表示提起下文或总结上文。

（2）标号。

- 引号（""、''）：用于标明直接引用的语句、着重论述的对象、特指等。引号内还有引号时，内用单引号。
- 括号（[ ]、{ }、（ ））：用于标明说明性或解释性语句，分层标明时按{、[、（、）、]、}次序括引。
- 破折号（——）：用于标明说明或解释的语句，表示转折、话题的突然转变、象声词声音的延长等。
- 省略号（……）：用于标明引文、举例的省略、说话的断续等。整段、整行的省略单占一行，可用12个点。数学公式、外文中用3个点。
- 斜线号（/）：分数中作为分数线，对比关系中表示"比"，数学运算式中表示"除号"，组对关系中表示"和"，有分母的组合单位符号中表示"每"。
- 书名号（《》、< >）：用于书名、刊名、报名、文章名、作品名前后，标明作品、刊物、报纸、剧作等。
- 标注号（*）：用于行文标题中引出注释或说明文字。
- 着重点（．）：用于标明作者特别强调的字、词或语句。

5．录入特殊符号

对于一般的标点符号，可以直接通过键盘进行输入，但如果要插入一些键盘上没有的符号，就需要通过插入符号功能来完成了。

要在文档中录入特殊符号，可先将插入点定位在要插入符号的位置，在"插入"选项卡下的"符号"组中单击"符号"按钮，在弹出的下拉列表中选择相应的符号即可，如图2-8所示。

图2-8

如果该列表中没有所需要的符号，可以执行"其他符号"命令，打开"符号"对话框，在"字体"下拉列表中选择不同的字体，符号区域就会发生不同的变化，在其中选择需要插入的符号后，单击"插入"按钮即可，如图2-9所示。

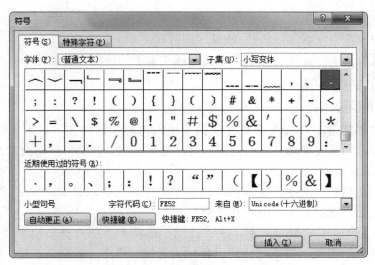

图2-9

2.3.2 编辑文本

在文档中输入文本内容后，经常会发现有需要修改的地方，此时就可以编辑文本，使文档内容准确无误。编辑文本包括复制、移动、删除所选内容，查找和替换指定内容等。

1．选取文本

对Word文档中的文本进行编辑操作之前需要先选中要编辑的文本。选择文本的方式有很多种，例如，选择一个字/词、连续的多个文本、不连续的多个文本、快速选择一行文本/多行文本、选择一个段落或整篇文档等。

（1）选择任意数量的文本：在要开始选择的位置单击，按住鼠标左键，然后在要选择的文本上拖动指针。

（2）选择一个词：在单词中的任何位置双击。

（3）选择一行文本：将鼠标指针移到行的左侧，当鼠标指针变为右向箭头后单击。

（4）选择一个句子：按住 Ctrl键，然后在句中的任意位置单击。

（5）选择一个段落：在段落中的任意位置连击三次。

（6）选择多个段落：将鼠标指针移动到第一段的左侧，当鼠标指针变为右向箭头后，按住鼠标左键，同时向上或向下拖动鼠标。

（7）选择较大的文本块：单击要选择内容的起始处，滚动到要选择内容的结尾处，然后按住 Shift键，同时在要结束选择的位置单击。

（8）选择整篇文档：将鼠标指针移动到任意文本的左侧，当鼠标指针变为右向箭头后连击三次。

（9）选择页眉和页脚：在"页面视图"中，双击灰显的页眉或页脚文本。将鼠标指针移到页眉或页脚的左侧，当鼠标指针变为右向箭头后单击。

（10）选择脚注和尾注：单击脚注或尾注文本，将鼠标指针移到文本的左侧，在鼠标指针变为右向箭头后单击。

（11）选择垂直文本块：按住 Alt键，同时在文本上拖动指针。

（12）选择文本框或图文框：在图文框或文本框的边框上移动鼠标指针，在鼠标指针变为四向箭头后单击。

2．复制和移动文本

当编辑文档内容时，如果需要在文档中输入内容相同的文本，可以对文本进行复制、粘贴操作。如果要移动文本的位置，则可对文本进行剪切、粘贴操作。

（1）复制文本。

复制文本是指将要复制的文本移动到其他的位置，而原文本仍然保留在原来的位置。复制文本常用的方法如下：

图2-10

方法1：选择需要复制的文本，在"开始"选项卡下的"剪贴板"中，单击"复制"按钮，将光标移动至目标位置处，单击"粘贴"按钮即可，如图2-10所示。

方法2：选取需要复制的文本，按Ctrl+C组合键，然后将光标移动至目标位置处，再按Ctrl+V组合键即可完成复制操作。

方法3：选取需要复制的文本，右击，在弹出的快捷菜单中执行"复制"命令，然后将光标移动至目标位置处，再次右击，在弹出的快捷菜单中执行"粘贴"命令即可，如图2-11所示。

方法4：选取需要复制的文本，按住鼠标右键拖拽文本至目标位置，释放鼠标，在弹出的快捷菜单中执行"复制到此位置"命令即可，如图2-12所示。

方法5：选取需要复制的文本，按住Ctrl键的同时拖拽文本，拖至目标位置后释放鼠标，即可看到所选择的文本已经复制到目标位置了。

（2）移动文本。

移动文本是指将当前位置的文本移动到其他位置，在移动文本的同时，会删除原来位置上的原始文本。与复制文本的唯一区别在于：移动文本后，原位置的文本消失，而复制文本后，原位置的文本仍在。移动文本常用的方法如下：

图2-11

方法1：选择需要移动的文本，在"开始"选项卡下的"剪贴板"中单击"剪切"按钮，将光标移动至目标位置处，单击"粘贴"按钮即可。

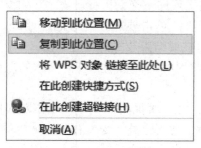

图2-12

方法2：选取需要移动的文本，按Ctrl+X组合键，然后将光标移动至目标位置处，再按Ctrl+V组合键即可完成移动操作。

方法3：选取需要移动的文本，右击，在弹出的快捷菜单中执行"剪切"命令，然后将光标移动至目标位置处，再次右击，在弹出的快捷菜单中执行"粘贴"命令即可。

方法4：选取需要移动的文本，按住鼠标右键拖拽文本至目标位置，释放鼠标，在弹出的快捷菜单中执行"移动到此位置"命令即可。

方法5：选取需要移动的文本后，按住鼠标左键，当鼠标指针变为形状时拖拽文本至目标位置后，释放鼠标即可将选取的文本移动到目标位置。

3．删除文本

在编辑文本时，如果发现输入了不需要的内容，那么可以对多余或错误的文本进行删除操作。删除文本的方法主要有两种，一种是逐个删除光标前或者光标后的字符，另一种是快速删除选择的多个文本。

（1）逐个删除字符。

将光标定位于需要删除字符的位置处，按Backspace键，将删除光标左侧的一个字符；如果按Delete键，将删除光标右侧的一个字符。

（2）删除选择的多个文本。

方法1：选择需要删除的所有内容，按Backspace键或Delete键均可删除所选文本。

方法2：选择需要删除的文本，在"开始"选项卡下的"剪贴板"中单击"剪切"按钮即可删除所选文本。

方法3：选择需要删除的文本，按Ctrl+X组合键即可删除所选文本。

4．查找和替换文本

有时需要将较长文档中的某些内容替换为其他的内容，若对其进行逐一的查找和修改，会浪费大量的时间，费时费力而且容易出错。Word 2010提供的文本查找与替换功能，可以轻松快捷地完成文本的查找与替换操作，大大提高了工作效率。

（1）查找文本。

将光标定位于需要开始查找的位置，在"开始"选项卡下的"编辑"组中单击"查找"按钮，文档左侧出现"导航"文本框，可以在搜索框中输入内容来搜索文档中的文本，查找的对象可以是文本，也可以是图形、表格、公式等，如图2-13所示。

也可以在"开始"选项卡下的"编辑"组中单击"查找"右侧的下拉按钮，在弹出的下拉列

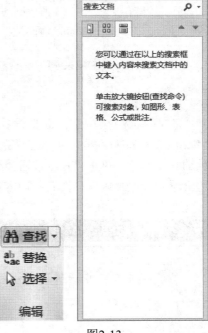

图2-13

表中执行"高级查找"命令，弹出"查找和替换"对话框，在"查找"选项卡下的"查找内容"文本框中输入需要查找的内容，单击"查找下一处"按钮，即可将光标定位在文档中第一个查找目标处。单击若干次"查找下一处"按钮，可依次查找出文档中对应的内容，如图2-14所示。

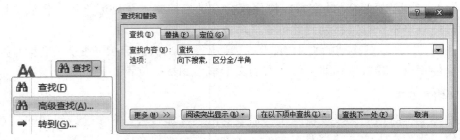

图2-14

（2）替换文本。

替换和查找操作基本类似，不同之处在于，替换不仅要完成查找，而且要用新的文本替换查找出来的原有内容。准确地说，在查找到文档中指定的内容后，才可以对其进行替换。在"开始"选项卡下的"编辑"组中单击"替换"按钮，弹出"查找和替换"对话框。在"替换"选项卡下的"查找内容"文本框中输入需要查找的内容，在"替换为"文本框中输入需要替换为的内容，单击"替换"按钮，即可对查找到的内容进行替换，并自动选择到下一处查找到的内容，如图2-15所示。

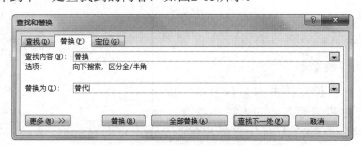

图2-15

也可以选择文档中需要查找的区域，再单击"全部替换"按钮。此时将弹出Microsoft Word对话框，显示已经完成的所选内容的搜索以及替换的数目，提示是否搜索文档的其余部分。单击"是"按钮会继续对文档其余部分进行查找替换操作；单击"否"按钮会看到所选择内容中的查找内容已经全部被替换，没选择的部分没有进行替换。

2.4 样题解答

 随书光盘中提供了本样题的操作视频。

1．新建文件

第1步：执行"开始"→"所有程序"→"Microsoft Office"→"Microsoft Word

2010"命令，打开一个空白的Word文档。

第2步：执行"文件"→"保存"命令。打开"另存为"对话框，在"保存位置"下拉列表中选择考生文件夹所在的位置，在"文件名"文本框中输入"A2"，单击"保存"按钮即可，如图2-16所示。

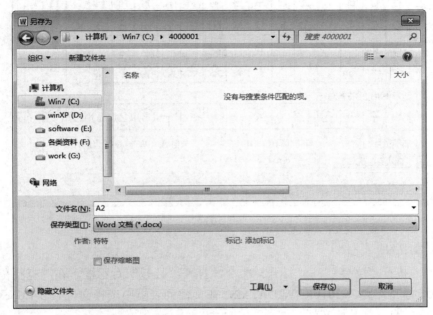

图2-16

2．录入文本与符号

第3步：选择一种常用的中文输入法，按【样文2-1A】所示录入文字、数字、标点符号。

第4步：先将插入点定位在要插入符号的位置，然后在"插入"选项卡下"符号"组中单击"符号"下拉按钮，在弹出的下拉列表中执行"其他符号"命令，如图2-17所示。

图2-17

第5步：打开"符号"对话框，在"符号"选项卡下的"字体"下拉列表框中选择相应的字体，在符号列表框中选择需要插入的特殊符号后，单击"插入"按钮即可，如图2-18所示。

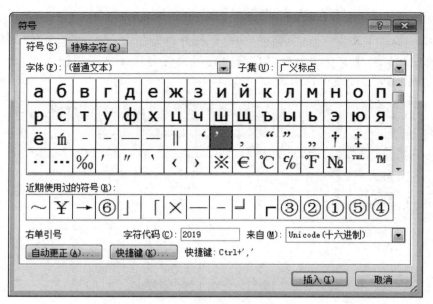

图2-18

3．复制粘贴

第6步：执行"文件"→"打开"命令，打开"打开"对话框。在"查找范围"下拉列表中选择文件夹C:\2010KSW\DATA2，在文件列表框中选择文件TF2-1.docx，单击"打开"按钮即可打开该文档，如图2-19所示。

图2-19

第7步：在TF2-1.docx文档中按Ctrl＋A组合键，即可选中文档中的所有文字。在"开始"选项卡下"剪贴板"组中单击"复制"按钮，如图2-20所示，即可将复制的内容暂时存放在剪贴板中。

第8步：切换至考生文档A2.docx中，将光标定位在录入的文档内容之后，在"开始"选项卡下"剪贴板"组中单击"粘贴"按钮，如图2-21所示，即可将复制的内容粘贴至录入的文档内容之后。

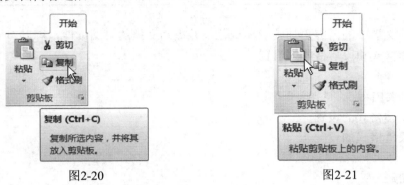

图2-20　　　　　　　　　　　　图2-21

4．查找替换

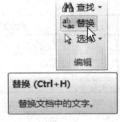

第9步：在A2.docx文档中，将光标定位在文档的起始处，在"开始"选项卡下"编辑"组中单击"替换"按钮，如图2-22所示。

第10步：弹出"查找和替换"对话框，在"替换"选项卡下的"查找内容"文本框中输入"核站"，在"替换为"文本框中输入"核电站"，单击"全部替换"按钮即可，如图2-23所示。

图2-22

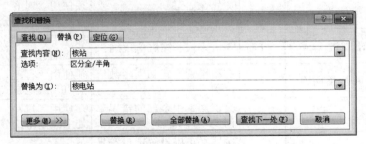

图2-23

第11步：文档中的所有"核站"文本均被替换为"核电站"文本，并弹出确认对话框，单击该对话框中的"确定"按钮，如图2-24所示。最后，关闭"查找和替换"对话框即可。

图2-24

第12步：执行"文件"→"保存"命令，保存当前文档。

第三章　文档的格式设置与编排

为了使文档中的内容更加美观和规范，并提高文档的可阅读性，可以对文档中的文字进行字体格式和段落格式的设置。

本章主要内容
- 字体格式的设置
- 段落格式的设置

评分细则

本章有11个评分点，每题15分。

序号	评分点	分值	得分条件	判分要求
1	设置字体	1	全部按要求正确设置	错一处则不得分
2	设置字号	1	全部按要求正确设置	错一处则不得分
3	设置字形	1	全部按要求正确设置	错一处则不得分
4	设置颜色	1	全部按要求正确设置	错一处则不得分
5	设置文本效果	2	全部按要求正确设置	错一处则不得分
6	设置对齐方式	1	全部按要求正确设置	须使用"对齐"技能点，其他方式对齐不得分
7	设置段落缩进	1	缩进方式和缩进值正确	须使用"缩进"技能点，其他方式缩进不得分
8	设置行距/段落间距	2	间距设置方式和间距数值正确	须使用"行距"或"间距"技能点，其他方式不得分
9	拼写检查	2	改正文本中全部的错误单词	须使用"拼写"技能点，有一处未改则不给分
10	设置项目符号或编号	1	按样文正确设置项目符号或编号	样式、字体和位置均正确
11	设置中文版式	2	按样文正确添加拼音、合并字符、纵横混排或首字下沉	须使用"中文版式"技能点，其他方式不得分

本章导读

综上所述，我们明确了本章所要求掌握的技能考核点以及对应《试题汇编》单元的评分点、分值和判分要求等。下面先在"样题示范"中展示《试题汇编》中的一道真题，然后详细讲解本章中涉及到的知识点和技能考核点，最后通过"样题解答"来讲解这道真题的详细操作步骤。

3.1　样题示范

【练习目的】

从《试题汇编》中选取样题，了解本章题目类型，掌握本章重点技能点。

【样题来源】

《试题汇编》第三单元3.1题（随书光盘中提供了本样题的操作视频）。

【操作要求】

打开文档A3.docx，按下列要求设置、编排文档格式。

一、设置【文本3-1A】如【样文3-1A】所示

1．设置字体格式：

● 将文档标题行的字体设置为华文行楷，字号为一号，并为其添加"填充 – 蓝色，透明强调文字颜色1，轮廓 – 强调文字颜色1"的文本效果。

● 将文档副标题的字体设置为华文新魏，字号为四号，颜色为标准色中的"深红"色。

● 将正文诗词部分的字体设置为方正姚体，字号为小四，字形为倾斜。

● 将文本"注释译文"的字体设置为微软雅黑，字号为小四，并为其添加"双波浪线"下划线。

2．设置段落格式：

● 将文档的标题和副标题设置为居中对齐。

● 将正文诗词部分的左缩进10个字符，段落间距为段后段前各0.5行，行距为固定值18磅。

● 将正文最后两段的首行缩进2个字符，并设置行距为1.5倍行距。

二、设置【文本3-1B】如【样文3-1B】所示

1．拼写检查：改正【文本3-1B】中拼写错误的单词。

2．设置项目符号或编号：按照【样文3-1B】为文档段落添加项目符号。

三、设置【文本3-1C】如【样文3-1C】所示

● 按照【样文3-1C】所示，为【文本3-1C】中的文本添加拼音，并设置拼音的对齐方式为"居中"，偏移量为3磅，字号为14磅。

【样文3-1A】

《沁园春·雪》

毛泽东（1936年2月）

北国风光，千里冰封，万里雪飘。

望长城内外，惟余莽莽；大河上下，顿失滔滔。

山舞银蛇，原驰蜡象，欲与天公试比高！

须晴日，看红装素裹，分外妖娆。

江山如此多娇，引无数英雄竞折腰。

惜秦皇汉武，略输文采；唐宗宋祖，稍逊风骚。

一代天骄，成吉思汗，只识弯弓射大雕。

俱往矣，数风流人物，还看今朝！

注释译文

北方的风光，千里冰封，万里雪飘，眺望长城内外，只剩下白茫茫的一片；宽广的黄河的上游和下游，顿时失去了滔滔水势。连绵的群山好像一条条银蛇一样蜿蜒游走，高原上的丘陵好像许多白象在奔跑，似乎想要与苍天比试一下高低。等到天晴的时候，再看红日照耀下的白雪，格外的娇艳美好。

祖国的山川是这样的壮丽，令古往今来无数的英雄豪杰为此倾倒。只可惜像秦始皇汉武帝这样勇武的帝王，却略差文学才华；唐太宗宋太祖，稍逊文治功劳。称雄一世的天之骄子成吉思汗，却只知道拉弓射大雕（却轻视了思想文化的建立）。而这些都已经过去了，真正能够建功立业的人，还要看现在的人们（暗指无产革命阶级将超越历代英雄的信心）。

【样文3-1B】

- Our knowledge of the universe is growing all the time. Our knowledge grows and the universe develops. Thanks to space satellites, the world itself is becoming a much smaller place and people from different countries now understand each other better.

- Look at your watch for just one minute. During that time, the population of the world increased by 259. Perhaps you think that isn't much. However, during the next hour, over 15,540 more babies will be born on the earth.

- So it goes on, hour after hour. In one day, people have to produce food for over 370,000 more mouths. Multiply this by 365. Just think how many more there will be in one year! What will happen in a hundred years?

【样文3-1C】

qiānshānniǎofēijué　wànjìngrénzōngmiè
千　山　鸟　飞　绝，万　径　人　踪　灭。

gūzhōusuōlìwēng　dúdiàohánjiāngxuě
孤　舟　蓑　笠　翁，独　钓　寒　江　雪。

3.2　字体格式的设置

设置文本的字体格式包括设置字体、字形、字号、字体颜色及文本效果等。一般情况下，可以通过"字体"组、"字体"对话框、浮动工具栏等方法设置字体格式。

3.2.1　设置字体

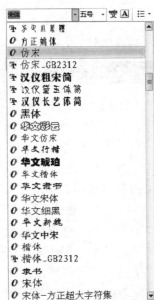

图3-1

Word 2010提供了多种可用的字体，输入的文本在默认情况下是五号、宋体。为文本设置字体常用的操作方法如下：

方法1：在Word文档中，选中要设置字体格式的文本，然后在"开始"选项卡下"字体"组中的"字体"下拉列表中选择需要设置的字体，如图3-1所示。

方法2：选中要设置字体格式的文本，在"开始"选项卡下"字体"组中单击右下角的对话框启动器按钮 ，即可打开"字体"对话框。在"字体"选项卡下的"中文字体"下拉列表中可以选择文档中中文文本的字体格式，在"西文字体"下拉列表中可以选择文档中西文文本的字体格式，如图3-2所示。

图3-2

方法3：选中要设置字体格式的文本后，Word 2010会自动弹出"格式"浮动工具栏。这个浮动工具栏开始时呈半透明状态，当光标接近时，才会正常显示，否则就会自动隐藏。在该浮动栏中单击"字体"下拉按钮，在弹出的列表框中可以选择需要的字体样式，如图3-3所示。

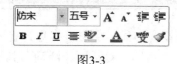

图3-3

方法4：按Ctrl+Shift+P组合键或Ctrl+D组合键，都可以直接打开"字体"对话框。

3.2.2　设置字号

Word 2010有两种字号表示方法，一种是中文标准，以"号"为单位，如初号、一号、二号等；另一种是西文标准，以"磅"为单位，如8磅、9磅、10磅等。为文本设置字号常用的操作方法如下：

方法1：选中要设置字号的文本，在"开始"选项卡下"字体"组中的"字号"下拉列表中选择需要设置的字号，如图3-4所示。

方法2：选中要设置字号的文本，打开"字体"对话框。在"字体"选项卡下的"字号"列表框中可以选择设置字符的字号，如图3-5所示。

方法3：选中要设置字号的文本，打开"格式"浮动工具栏，在该浮动栏中单击"字号"下拉按钮，在弹出的下拉列表中设置字号。

方法4：按Ctrl+Shift+>组合键可以快速增大字号，按Ctrl+Shift+<组合键可以快速缩小字号。

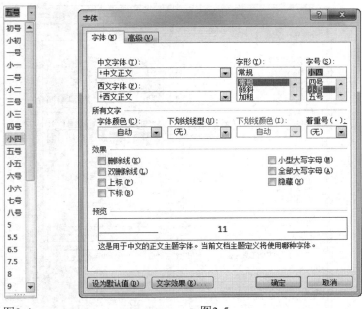

图3-4   图3-5

3.2.3 设置字形

字形包括文字的常规显示、倾斜显示、加粗显示及下划线显示等。为文本设置字形常用的操作方法如下：

方法1：选取要设置字形的文本，在"开始"选项卡下"字体"组中单击相应的按钮可以设置字符的格式。单击"加粗"按钮 **B**，可以设置字符的加粗格式；单击"倾斜"按钮 *I*，可以设置字符的倾斜格式；单击"下划线"按钮 **U** ▾，可以为字符添加默认格式的下划线。

单击"下划线"按钮右侧的下拉按钮，可以从下拉列表中选择下划线的线型和颜色，如图3-6所示。

方法2：选中要设置字形的文本，打开"字体"对话框。在"字体"选项卡下的"字形"列表框中可以选择设置字形，在"下划线线型"和"下划线颜色"列表框中可以选择为文本添加下划线，在"着重号"列表框中可以选择为文本添加着重号，如图3-7所示。

图3-6

方法3：选中要设置字形的文本，打开"格式"浮动工具栏，在该浮动栏中单击"加粗"按钮和"倾斜"按钮，可以为字符设置加粗和倾斜显示。

方法4：按Ctrl+B组合键，可以设置加粗显示；按Ctrl+I组合键，可以设置倾斜显示；按Ctrl+U组合键，可以设置下划线显示。

图3-7

3.2.4 设置字体颜色

为字符设置字体颜色，可以使文本看起来更醒目、更美观。为文本设置字体颜色常用的操作方法如下：

方法1：选取要设置字体颜色的文本，在"开始"选项卡下的"字体"组中单击"字体颜色"下拉按钮▲·，在弹出的颜色面板中选择需要的颜色即可，如图3-8所示。

方法2：选中要设置字体颜色的文本，打开"字体"对话框。在"字体"选项卡下的"字体颜色"下拉列表中选择需要的颜色。

方法3：选中要设置字体颜色的文本，打开"格式"浮动工具栏，在该浮动栏中单击"字体颜色"下拉按钮▲·，同样可以从弹出的颜色面板中选择需要的颜色。

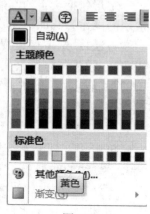

图3-8

3.2.5 设置文本效果

通过更改文字的填充和边框，或者添加诸如阴影、映像或发光之类的效果，可以更改文字的外观。

1．设置文本效果

选取要设置文本效果的文本，在"开始"选项卡下的"字体"组中单击"文本效果"下拉按钮 A·，在弹出的文本效果面板中选择需要的效果，可以设置轮廓、阴影、映像和发光效果等，如图3-9所示。

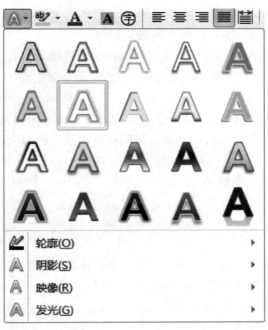

图3-9

2．删除文本效果

选取要删除文本效果的文本，在"开始"选项卡下的"字体"组中单击"清除格式"按钮。

3.3 段落格式的设置

段落是构成整个文档的骨架，在编辑文档的同时还需要合理设置文档段落的格式，才能使文档达到层次分明、段落清晰的效果。段落格式包括段落的对齐方式、缩进方式、段落间距与行距、段落边框与底纹、项目符号与编号等。大多数的段落格式都可以在"段落"组中完成设置，如图3-10所示。

图3-10

3.3.1 设置段落对齐方式

段落对齐主要包括两端对齐、居中对齐、左对齐、右对齐和分散对齐。在"开始"选项卡下的"段落"组中，有一组快速选择段落对齐方式的按钮，单击相应的对齐方式按钮，即可快速为段落选择对齐方式。

- ▤文本左对齐：快速将选择的段落在页面中靠左侧对齐排列，其快捷键为Ctrl+L。文本左对齐与两端对齐效果相似。
- ▤居中：快速将选择的段落在页面中居中对齐排列，其快捷键为Ctrl+E。
- ▤文本右对齐：快速将选择的段落在页面中靠右侧对齐排列，其快捷键为Ctrl+R。
- ▤两端对齐：是Word 2010中默认的对齐方式，可以将文字左右两端同时对齐，并根据页面需要自动增加字符间距以达到左右两端对齐的效果，其快捷键为Ctrl+J。
- ▤分散对齐：快速将选择的段落在页面中分散对齐排列，其快捷键为Ctrl+Shift+J。

3.3.2 设置段落缩进

段落缩进主要包括左缩进、右缩进、悬挂缩进和首行缩进4种方式。
- 左缩进：设置整个段落左边界的缩进位置。
- 右缩进：设置整个段落右边界的缩进位置。
- 悬挂缩进：设置段落中除首行以外的其他行的起始位置。
- 首行缩进：设置段落中首行的起始位置。

设置段落缩进常用的操作方法如下：

方法1：使用"标尺"设置段落缩进。在Word 2010中，可以通过拖动标尺中的缩进标记来调整段落的缩进，此设置仅对光标所在的段落或所选择的段落发生作用。在"视图"选项卡下的"显示"组中，选中"标尺"复选框，即可在页面中显示标尺，如图3-11所示。

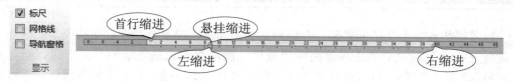

图3-11

方法2：使用"段落"对话框设置段落缩进，可以更准确地设置缩进尺寸。首先选择要进行设置的段落，在"开始"选项卡下单击"段落"组右下方的对话框启动器按钮，弹出"段落"对话框，在"缩进和间距"选项卡中可以进行相关设置，如图3-12所示。

在"缩进"区域的"左侧"文本框中输入左缩进的值，则所有行从左边缩进；在"右侧"文本框中输入右缩进的值，则所有行从右边缩进；在"特殊格式"下拉列表中可以选择段落缩进的方式：首行缩进和悬挂缩进。

方法3：使用快捷按钮设置段落缩进。在"开始"选项卡下的"段落"组或"格式"浮动工具栏中，单击"减少缩进量"按钮 ▤ 或"增加缩进量"按钮 ▤，可以减少或增加缩进量。

图3-12

3.3.3　设置段间距与行间距

　　间距主要包括行间距和段间距，所谓行间距是指段落中行与行之间的距离；所谓段间距是指前后相邻的段落之间的距离。在Word 2010 中，大多数快速样式集的默认间距是行之间为 1.15，每个段落之间为 10 磅。设置段间距与行间距常用的操作方法如下：

　　方法1：选择要进行设置的段落，在"开始"选项卡下单击"段落"组右下方的对话框启动器按钮 ，弹出"段落"对话框，在"缩进和间距"选项卡中可以进行相关设置。

● 段间距：段间距决定了段落前后空白距离的大小。在"间距"区域的"段前"、"段后"微调框中输入值，就可以设置段落间距。

● 行间距：行间距决定了段落中各行文本之间的垂直距离。在"行距"下拉列表中选择符合要求的间距值，如单倍行距、1.5倍行距、2倍行距等。如果下拉列表中没有需要的行距值，也可以在"设置值"微调框中直接输入行距值。

　　行距各选项的功能如下所示：

● 单倍行距：此选项将行距设置为该行最大字体的高度加上一小段额外间距。额外间距的大小取决于所用的字体。字体是一种应用于所有数字、符号和字母字符的图形设计，也称为"样式"或"字样"。Arial 和 Courier New 是字体的示例。字体通常具有不同的大小（如 10 磅）和各种样式（如粗体）。

- 1.5 倍行距：此选项为单倍行距的 1.5 倍。
- 双倍行距：此选项为单倍行距的两倍。
- 最小值：此选项设置适应行上最大字体或图形所需的最小行距。
- 固定值：此选项设置固定行距（以磅为单位）。例如，文本采用 10 磅的字体，则可以将行距指定为 12 磅。
- 多倍行距：此选项设置可以用大于 1 的数字表示的行距。例如，将行距设置为 1.15 会使间距增加 15%，将行距设置为 3 会使间距增加 300%（三倍行距）。

提示：如果某个行包含大文本字符、图形或公式，则 Word 会增加该行的间距。若要均匀分布段落中的各行，则使用固定间距，并指定足够大的间距以适应所在行中的最大字符或图形。如果出现内容显示不完整的情况，则增加间距量。

方法2：在"开始"选项卡下的"段落"组中，单击"行和段落间距"下拉按钮 ，设置行间距、增加段前间距和段后间距，如图3-13所示。

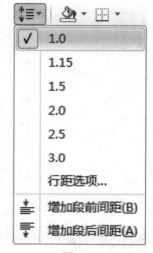

提示：单击"1.0"表示行距为早期版本的 Word 中使用的行距的一倍。单击"2.0"表示所选段落中的行距是为双倍行距。单击"1.15"表示行距为 Word 2010 中使用的行距的一倍。

图3-13

3.3.4 设置项目符号和编号

为了使段落层次分明，结构更加清晰，可以为段落添加项目符号或编号。

1. 添加项目符号和编号

项目符号和编号都是以段落为单位的。

（1）添加项目符号。

选择需要添加项目符号的段落，在"开始"选项卡下的"段落"组中单击"项目符号"的下拉按钮 ，在弹出库中可以选择所需要的项目符号样式，如图3-14所示。

（2）添加编号。

选择需要添加编号的段落，在"开始"选项卡下的"段落"组中单击"编号"的下拉按钮 ，在弹出的编号库中可以选择所需要的编号样式，如图3-15所示。

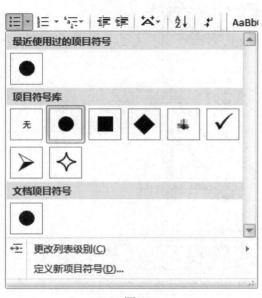

图3-14　　　　　　　　　　　　　　　图3-15

2．自定义项目符号和编号

（1）自定义项目符号。

在"项目符号"下拉列表中执行"定义新项目符号"命令，打开"定义新项目符号"对话框，如图3-16所示。

● 符号：单击该按钮，打开"符号"对话框，可从中选择合适的符号样式作为项目符号，如图3-17所示。

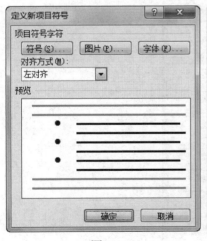

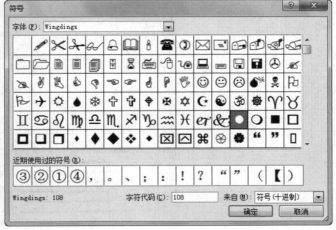

图3-16　　　　　　　　　　　　图3-17

● 图片：单击该按钮，打开"图片项目符号"对话框，可从中选择合适的图片符号作为项目符号，如图3-18所示。

● 字体：单击该按钮，打开"字体"对话框，可以设置项目符号的字体格式。

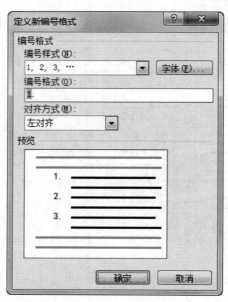

图3-18

● 对齐方式：在该下拉列表中列出了3种项目符号的对齐方式，分别为左对齐、居中和右对齐。

（2）自定义编号。

在"编号"下拉列表中执行"定义新编号格式"命令，打开"定义新编号格式"对话框，如图3-19所示。

● 编号样式：在该下拉列表中可以选择其他的编号样式。

● 字体：单击该按钮，打开"字体"对话框，可以设置编号的字体格式。

图3-19

- 编号格式：该文本框中显示的是编号的最终样式，在该文本框中可以添加一些特殊的符号，如冒号、逗号、半角句号等。
- 对齐方式：在该下拉列表中列出了3种编号的对齐方式，分别为左对齐、居中和右对齐。

3．删除项目符号和编号

对于不再需要的项目符号或编号可以随时将其删除，操作方法也很简单。只需选中要删除项目符号或编号的文本，然后在"段落"组中单击"项目符号"按钮或"编号"按钮即可。如果要删除单个项目符号或编号，可以选中该项目符号或编号，然后直接按Backspace键即可。

3.3.5 设置特殊版式

1．设置首字下沉

所谓首字下沉就是文档中段首的一个字或前几个字被放大，放大的程度可以自行设定，并呈下沉或悬挂的方式显示，其他字符围绕在它的右下方。这种排版方式经常用在一些报刊杂志上。在Word 2010中，首字下沉共有两种不同的方式，一种是普通下沉，另一种是悬挂下沉。两种方式的区别在于："下沉"方式设置的下沉字符紧靠其他的文字，而"悬挂"方式设置的字符可以随意地移动其位置。

为文档设置首字下沉的具体步骤为：将光标定位在要设置的段落，在"插入"选项卡下的"文本"组中单击"首字下沉"下拉按钮，在弹出的下拉列表中单击"下沉"或"悬挂"按钮，如图3-20所示。

如果要对"下沉"方式进行详细设置，可在下拉列表中执行"首字下沉选项"命令，在打开的"首字下沉"对话框的"位置"选项区域中，可以选择首字的方式，在"选项"区域中可以设置下沉字符的字体、下沉时所占用的行数以及与正文之间的距离，如图3-21所示。

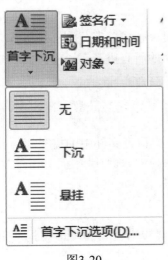

图3-20

图3-21

2．添加拼音

Word 2010提供的拼音指南功能，可对文档内的任意文本内容添加拼音，添加的拼音位于所选文本的上方，并且可以设置拼音的对齐方式。

为文档添加拼音的具体步骤为：选中需要添加拼音的文本内容，在"开始"选项卡下的"字体"组中单击"拼音指南"按钮，在弹出的"拼音指南"对话框中可以设置文本拼音的字体、字号、对齐方式、偏移量等选项，如图3-22所示。

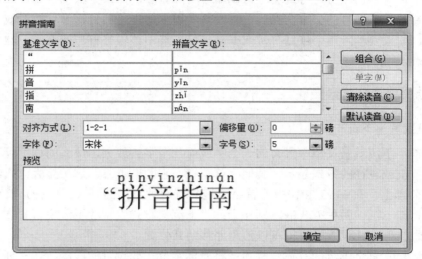

图3-22

各选项的功能如下。

● 基准文字：用于修改被标注拼音的字符。

● 拼音文字：用于修改标注的拼音字母。

● 对齐方式：用于设置被标注的拼音的对齐方式。

● 偏移量：用于设置拼音与文字之间的间隔距离。

● 组合：用于将分开标注拼音的单字组合成一个词组，标注的拼音也相应地产生组合。

● 单字：用于拆散组合在一起的词组，使词组分解成单字分别标注拼音。

● 清除读音：用于删除"拼音文字"文本框中的所有拼音。

● 默认读音：用于对文本恢复拼音输入的标准读音。

3.3.6 拼写和语法检查

Word 2010提供了拼写和语法检查功能，可以集中检查文件中的拼写和语法，也可以让拼写和语法检查器自动建议更正内容，对文件中的文本进行校对。Office 2010 附带含标准语法和拼写的词典，但这些语法和拼写并不全面。

1．集中检查拼写和语法

对文本进行拼写和语法检查的具体步骤为：在"审阅"选项卡的"校对"组中，

单击"拼写和语法"按钮。如果程序发现拼写错误，则会显示"拼写和语法"对话框，其中包含拼写检查器发现的第一个拼写错误的单词，如图3-23所示。解决每个拼写错误的单词之后，程序会标记下一个拼写错误的单词，以便可以决定所要执行的操作。

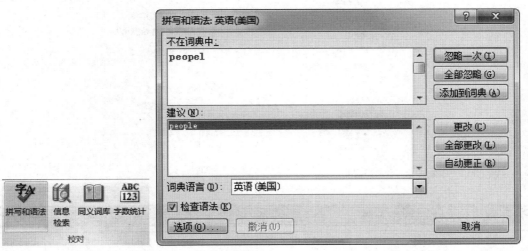

图3-23

2．自动检查拼写和语法

在输入、编辑文档时，若文档中包含与Word 2010自身词典不一致的单词或语句时，会自动在该单词或语句的下方显示一条红色或绿色的波浪线，表示该单词或语句可能存在拼写或语法错误，提示用户注意。此时就可以使用自动拼写和语法检查功能，更快地帮助更正这些错误。

- 自动更改拼写错误。例如，输入peopel，在输入空格或其他标点符号后，会自动被替换为people。
- 在行首自动大写。在行首无论输入什么单词，在输入空格或其他标点符号后，该单词第一个字母将自动改为大写。
- 自动添加空格。如果在输入单词时，忘记用空格隔开，Word 2010将自动添加空格。
- 提供更改拼写提示。如果在文档中输入一个错误单词，在输入空格后，该单词将被加上红色或绿色的波浪形下划线。将插入点定位在该单词中，右击，弹出如图3-24所示的快捷菜单，在该菜单中可以选择更改后的单词，以及"忽略"、"添加到词典"等命令。
- 提供更改语法提示。如果在文档中使用了错误的语法，将被加上绿色的波浪形下划线。将插入点定位在该单词中，右击，在弹出的快捷菜单中将显示语法建议等信息，如图3-25所示。

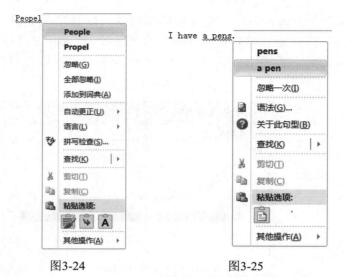

图3-24

图3-25

3.4 样题解答

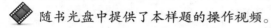 随书光盘中提供了本样题的操作视频。

执行"文件"→"打开"命令，在"查找范围"文本框中找到指定路径，选择A3.docx文件，单击"打开"按钮。

一、设置【文本3-1A】如【样文3-1A】所示

1．设置字体格式

第1步：选中文章的标题行"《沁园春·雪》"，在"开始"选项卡下"字体"组中的"字体"下拉列表中选择"华文行楷"，在"字号"下拉列表中选择"一号"，单击"文本效果"下拉按钮 ，在弹出的库中选择"填充 – 蓝色，透明强调文字颜色1，轮廓 – 强调文字颜色1"的文本效果，如图3-26所示。

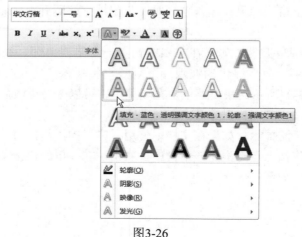

图3-26

第2步：选中文章的副标题行"毛泽东（1936年2月）"，在"开始"选项卡下"字体"组中的"字体"下拉列表中选择"华文新魏"，在"字号"下拉列表中选择"四号"，在"字体颜色"下拉列表中选择标准色中的"深红"色，如图3-27所示。

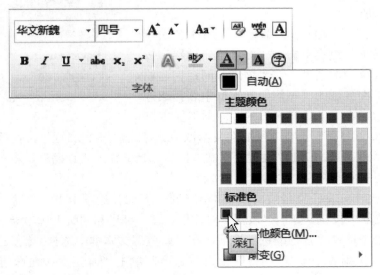

图3-27

第3步：选中正文诗词部分，在"开始"选项卡下"字体"组中的"字体"下拉列表中选择"方正姚体"，在"字号"下拉列表中选择"小四"，单击"倾斜"按钮 I 。

第4步：选中文本"注释译文"一词，单击"开始"选项卡下"字体"组右下角的"对话框启动器"按钮，弹出"字体"对话框，在"字体"选项卡下，在"中文字体"和"西文字体"下拉列表框中均选择"微软雅黑"，在"字号"下拉列表中选择"小四"；在"下划线线型"下拉列表中选择"双波浪线"下划线 ，单击"确定"按钮，如图3-28所示。

图3-28

2．设置段落格式

第5步：同时选中文档的标题和副标题行，在"开始"选项卡下"段落"组中单击"居中"按钮，如图3-29所示。

第6步：选中正文的诗词部分，单击"开始"选项卡下"段落"组右下角的"对话框启动器"按钮，弹出"段落"对话框。在"缩进和间距"选项卡下的"缩进"区域的"左侧"文本框中选择或输入"10字符"，在"间距"区域的"段前"文本框

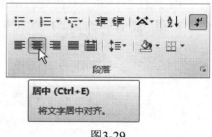

图3-29

中选择或输入"0.5行"，在"段后"文本框中选择或输入"0.5行"，在"行距"下拉列表中选择"固定值"，在"设置值"文本框中选择或输入"18磅"，单击"确定"按钮即可，如图3-30所示。

第7步：选中文章正文最后两段文本，单击"开始"选项卡下"段落"组右下角的"对话框启动器"按钮，弹出"段落"对话框。在"缩进和间距"选项卡下的"特殊格式"下拉列表中选择"首行缩进"选项，在"磅值"文本框中选择或输入"2字符"，在"行距"下拉列表中选择"1.5倍行距"选项，单击"确定"按钮即可，如图3-31所示。

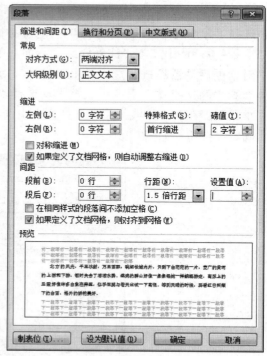

图3-30   图3-31

二、设置【文本3-1B】如【样文3-1B】所示

1．拼写检查

第8步：将光标定位在【文本3-1B】的起始处，在"审阅"选项卡下"校对"组中单击"拼写和语法"按钮，如图3-32所示，弹出"拼写和语法"对话框。

第9步：在"拼写和语法"对话框的"不在词典中"文本框中，显示为红色的单词为错误的单词，在"建议"文本框中选择正确的单词，单击"更改"按钮，如图3-33所示。系统会自动在文档中查找下一个拼写错误的单词，并以红色显示在"不在词典中"文本框中，在"建议"文本框中选

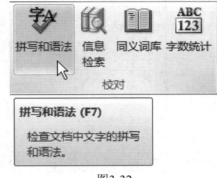

图3-32

择正确的单词，直至文本中所有错误的单词更改完毕，最后单击"关闭"按钮。

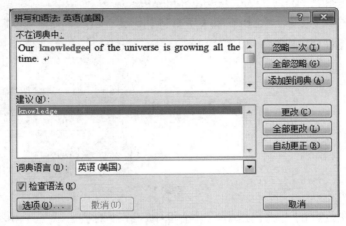

图3-33

2．设置项目符号或编号

第10步：选中【文本3-1B】下的所有英文文本，在"开始"选项卡下"段落"组中单击"项目符号"下拉按钮，在打开的下拉列表中执行"定义新项目符号"命令，如图3-34所示，打开"定义新项目符号"对话框。

第11步：在"定义新项目符号"对话框中单击"图片"按钮，打开"图片项目符号"对话框，从中选择【样文3-1B】所示的符号样式作为项目符号，单击"确定"按钮，如图3-35所示。返回到"定义新项目符号"对话框，可以从

图3-34

"预览"列表框中查看设置后的样式，最后单击"确定"按钮即可，如图3-36所示。

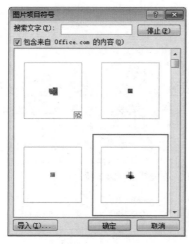
图3-35

图3-36

三、设置【文本3-1C】如【样文3-1C】所示

第12步：选中【文本3-1C】下面的所有诗句内容，在"开始"选项卡下"字体"组中单击"拼音指南"按钮 ，如图3-37所示。

图3-37

第13步：在打开的"拼音指南"对话框中，在"对齐方式"下拉列表中选择"居中"选项，在"偏移量"文本框中选择或输入"3"磅，在"字号"下拉列表中选择"14"磅，单击"确定"按钮，即可完成对文本添加拼音，如图3-38所示。

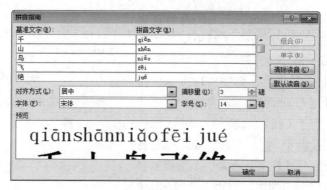
图3-38

第14步：执行"文件"→"保存"命令。

第四章　文档表格的创建与设置

Word 2010提供了强大、便捷的表格制作、编辑功能，不仅可以快速创建各种各样的表格，还可以方便地修改表格、移动表格位置、调整表格大小或修饰表格样式等。

本章主要内容
- 创建表格
- 表格的基本操作
- 表格的格式设置

评分细则

本章有6个评分点，每题10分。

序号	评分点	分值	得分条件	判分要求
1	创建表格	1	行列数符合要求	行高、列宽不作要求
2	自动套用表格样式	2	正确套用表格样式	自动套用类型无误
3	表格行与列的操作	2	正确插入（删除）行（列）、正确移动行（列）的位置、设置的行高和列宽值正确	位置和数目均须正确
4	合并或拆分单元格	1	正确合并或拆分单元格	位置和数目均须正确
5	设置表格中单元格的格式	2	正确设置单元格的对齐方式、正确设置单元格中的字体格式、正确设置单元格底纹	精确程度不作严格要求
6	设置表格的边框线与底纹	2	边框线的线型、线条粗细、线条颜色、底纹与样文相符	所选边框、底纹样式正确

本章导读

综上所述，我们明确了本章所要求掌握的技能考核点以及对应《试题汇编》单元的评分点、分值和判分要求等。下面先在"样题示范"中展示《试题汇编》中的一道真题，然后详细讲解本章中涉及到的知识点和技能考核点，最后通过"样题解答"来讲解这道真题的详细操作步骤。

办公软件应用（Windows平台）Windows 7、Office 2010职业技能培训教程（操作员级）

4.1 样题示范

【练习目的】
从《试题汇编》中选取样题，了解本章题目类型，掌握本章重点技能点。

【样题来源】
《试题汇编》第四单元4.1题（随书光盘中提供了本样题的操作视频）。

【操作要求】
打开文档A4.docx，按下列要求创建、设置表格如【样文4-1】所示。

1. **创建表格并自动套用格式**：在文档的开头创建一个3行7列的表格，并为新创建的表格自动套用"中等深浅网格1 - 强调文字颜色4"的表格样式。

2. **表格的基本操作**：将表格中"车间"单元格与其右侧的单元格合并为一个单元格；将"第四车间"一行移至"第五车间"一行的上方；删除"不合格产品（件）"列右侧的空列，将表格各行与各列均平均分布。

3. **表格的格式设置**：将表格中包含数值的单元格设置为居中对齐；为表格的第1行填充标准色中的"橙色"底纹，其他各行填充粉红色（RGB：255，153，204）底纹；将表格的外边框线设置为1.5磅的双实线，横向网格线设置为0.5磅的点划线，竖向网格线设置为0.5磅的细实线。

【样文4-1】

一月份各车间产品合格情况

车间	总产品数（件）	不合格产品（件）	合格率（%）
第一车间	4856	12	99.75%
第二车间	6235	125	97.99%
第三车间	4953	88	98.22%
第四车间	5364	55	98.97%
第五车间	6245	42	99.32%

70

4.2　创建表格

在Word 2010中，表格是由许多行和列的单元格组成一个表格综合体。可以创建表格，并为表格套用表格样式，使表格更加美观实用。

4.2.1　创建表格

创建表格的方法有很多种，可以通过快速模板插入表格、通过"插入表格"对话框快速插入表格、手动自定义绘制表格等。

1．通过快速模板插入表格

利用快速模板区域的网格框可以直接在文档中插入表格，但最多只能插入8行10列的表格。将光标定位在需要插入表格的位置，在"插入"选项卡的"表格"组中单击"表格"按钮。在弹出的下拉列表区域，拖拽鼠标确定要创建表格的行数和列数，然后单击就可以完成一个规则表格的创建，如图4-1所示（以3列3行的表格为例）。

2．通过"插入表格"对话框快速插入表格

使用"插入表格"对话框创建表格时，可以在建立表格的同时精确设置表格的大小。在"插入"选项卡的"表格"组中单击"表格"按钮，在弹出的下拉列表中执行"插入表格"命令，即可打开"插入表格"对话框。在"表格尺寸"区域可以指定表格的行数和列数，在"自动调整"操作区域，可以选择表格自动调整的方式，如图4-2所示（以5列3行、固定列宽1.5厘米的表格为例）。

图4-1

- 固定列宽：在输入内容时表格的列宽将固定不变。
- 根据内容调整表格：在输入内容时将根据输入内容的多少自动调整表格的大小。
- 根据窗口调整表格：将根据窗口的大小自动调整表格的大小。

3．手动绘制表格

当需要创建各种栏宽、行高不等的不规则表格时，可以通过Word 2010的绘制表格功能来完成。在"插入"选项卡的"表格"组中单击"表格"下拉按钮，在弹出的下拉列表中执行"绘制表格"命令。这

图4-2

时鼠标指针变为笔的形状 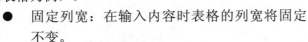，在文档中按住鼠标左键进行拖拽，当达到合适大小时，释放鼠标即可生成表格的外部边框。继续在设置边框内部单击并进行拖拽，可绘制水平和垂直的内部边框，如图4-3所示。

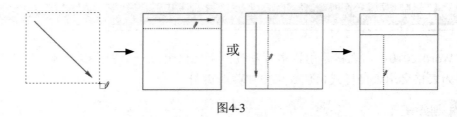

图4-3

4．快速插入表格

Word 2010提供了许多内置表格，可以快速插入指定样式的表格，并输入数据。在"插入"选项卡下的"表格"组中单击"表格"下拉按钮，在弹出的下拉列表中执行"快速表格"命令，即可在打开的列表中选择需要的内置表格样式，如图4-4所示。

图4-4

4.2.2　套用表格样式

Word 2010自带了98种内置的表格样式，可以根据实际需要自动套用表格样式。创建表格后，可以使用"表格样式"来设置整个表格的格式。将指针停留在每个预先设置好格式的表格样式上，可以预览表格的外观。

首先单击要设置的表格，打开"表格工具"的"设计"选项卡，在"表样式"组中单击"其他"按钮，在弹出的库中单击所需的表格样式，如图4-5所示，即可为表格应用该样式。

如果在下拉菜单中执行"新建表样式"命令，即可打开"根据格式设置创建新样式"对话框，如图4-6所示。在该对话框中可以自定义表格的样式，例如在"属性"选项区域可以设置样式的名称、类型和样式基准，在"格式"选项区域可以设置表格文本的字体、字号、颜色等。

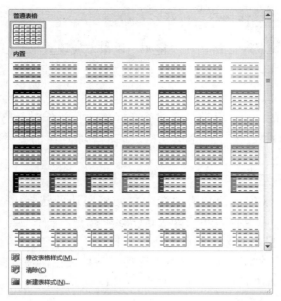

图4-5

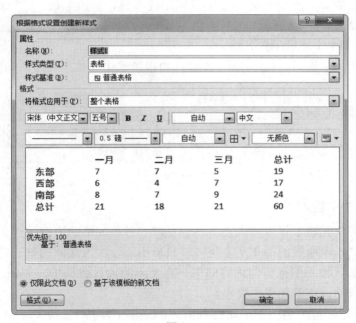

图4-6

4.3 表格的基本操作

　　表格创建完成后，还需要对其进行编辑操作，如在表格中添加文本、插入与删除单元格、插入与删除行或列、合并与拆分单元格、调整行高与列宽等，以满足用户的不同需要。

4.3.1 单元格的基本操作

表格的基本组成就是单元格，在表格中可以很方便地对单元格进行选中、插入、删除、合并或拆分等操作。

1．选中单元格

当需要对表格中的一个单元格或者多个单元格进行操作时，需要先将其选中。选中单元格的方法可分为3种：选中一个单元格、选中多个连续的单元格和选中多个不连续的单元格。

（1）选中一个单元格。

在表格中，移动鼠标指针到所要选中单元格左边的选择区域，当鼠标指针变为 ➤ 形状时，单击即可选中该单元格。

也可以将光标放置在要选择的单元格中，打开"表格工具"的"布局"选项卡，在"表"组中单击"选择"下拉按钮，在其下拉列表中执行"选择单元格"命令即可，如图4-7所示。

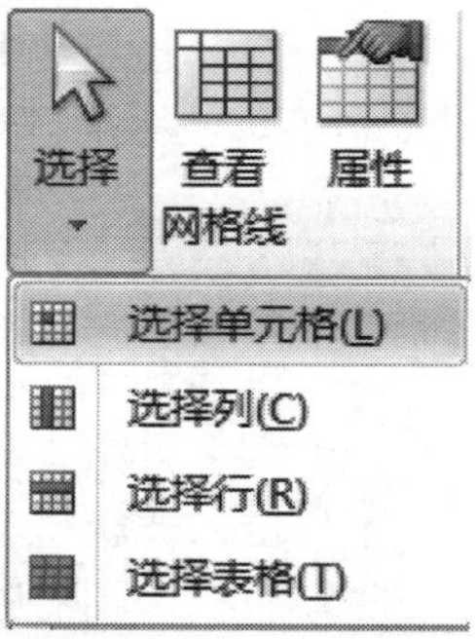

（2）选中多个连续的单元格。

在需要选中的第一个单元格内按住鼠标左键不放，拖拽至最后一个单元格处，如图4-8所示。

（3）选中多个不连续的单元格。

图4-7

选中第一个单元格后，按住Ctrl键不放，再继续选中其他单元格，如图4-9所示。

序号	姓名	餐饮补助	通讯补助	交通补助
1	张晓丽	150	100	80
2	王小明	200	100	100
3	张云	180	100	150
4	赵菲	200	100	60

图4-8

序号	姓名	餐饮补助	通讯补助	交通补助
1	张晓丽	150	100	80
2	王小明	200	100	100
3	张云	180	100	150
4	赵菲	200	100	60

图4-9

2．在单元格中输入文本

在表格的各单元格中可以输入文本，也可以对各单元格的内容进行剪切和粘贴等操作，这和正文文本中所做的操作基本相同。只单击需要输入文本的单元格，此时光标在该单元格中闪烁，输入所需要的内容即可。在文本的输入过程中，Word 2010会根据文本内容的多少自动调整单元格的大小。

按Tab键，光标可跳至所在单元格右侧的单元格中，按上、下、左、右方向键，可以在各单元格中进行切换。

3．插入与删除单元格

在编辑表格的过程中，如果需要在表格中插入一项数据，首先需要插入单元格。当然，也可以将不需要的单元格删除。

（1）插入单元格。

选择需要插入单元格位置处的单元格并右击，在弹出的快捷菜单中执行"插入"→"插入单元格"命令，弹出"插入单元格"对话框，直接在其中选择活动单元格的布局，单击"确定"按钮即可，如图4-10所示。

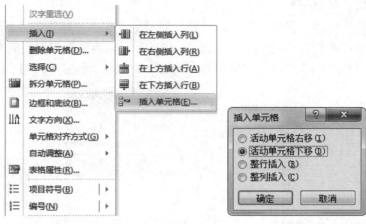

图4-10

（2）删除单元格。

选择需要删除的单元格并右击，在弹出的快捷菜单中执行"删除单元格"命令，弹出"删除单元格"对话框，直接在其中选择删除单元格后活动单元格的布局，单击"确定"按钮即可，如图4-11所示。

也可以选中需要删除的单元格，或将光标置于该单元格中，打开"表格工具"的"布局"选项卡，在"行和列"组中单击"删除"下拉按钮，在打开的列表中执行"删除单元格"命令，也可打开"删除单元格"对话框，进行删除单元格操作，如图4-12所示。

图4-11

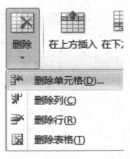

图4-12

4．合并与拆分单元格

合并单元格是指将两个或者两个以上的单元格合并成为一个单元格，拆分单元格是指将一个或多个相邻的单元格，重新拆分为指定的列数。

（1）合并单元格。

选择需要合并的单元格，打开"表格工具"的"布局"选项卡，在"合并"组中单击"合并单元格"按钮，此时所选择的多个单元格区域即可合并为一个单元格，如图4-13所示。

也可以右击选中的单元格，在弹出的快捷菜单中执行"合并单元格"命令。

图4-13

（2）拆分单元格。

选择需要拆分的单元格，打开"表格工具"的"布局"选项卡，在"合并"组中单击"拆分单元格"按钮，弹出"拆分单元格"对话框，在"列数"和"行数"文本框中分别输入要拆分成的行数和列数即可，如图4-14所示（以拆分为1行4列的表格为例）。

也可以右击选中的单元格，在弹出的快捷菜单中执行"拆分单元格"命令。

图4-14

行与列的基本操作

1．选中表格的行或列

对表格进行编辑之前，首先要选中表格编辑对象，然后才能对表格进行操作。除了选择单元格，还可以选中一行或多行、一列或多列、整个表格等。

（1）选中整行。

将鼠标指针移动至需要选择的行的左侧边框线附近，当鼠标指针变为↗形状时，单击即可选中该行，如图4-15所示。

序号	姓名	餐饮补助	通讯补助	交通补助
1	张晓丽	150	100	80
2	王小明	200	100	100
3	张云	180	100	150
4	赵菲	200	100	60

图4-15

也可以将光标放置在要选择单元格中，打开"表格工具"的"布局"选项卡，在"表"组中单击"选择"下拉按钮，在其下拉列表中执行"选择行"命令即可。

（2）选中整列。

将鼠标指针移动至需要选择的列的上侧边框线附近，当鼠标指针变为↓形状时，单击即可选中该列，如图4-16所示。

也可以将光标放置在要选择单元格中，打开"表格工具"的"布局"选项卡，在"表"组中单击"选择"下拉按钮，在其下拉列表中执行"选择列"命令即可。

序号	姓名	餐饮补助	通讯补助	交通补助
1	张晓丽	150	100	80
2	王小明	200	100	100
3	张云	180	100	150
4	赵菲	200	100	60

图4-16

提示：选择一行或者一列单元格后，按住Ctrl键继续进行选择操作，可以同时选择不连续的多行或多列单元格。

（3）选中整个表格。

移动鼠标指针至表格内的任意位置，表格的左上角会出现表格控制点⊞，当鼠标指标指向该控制点时，鼠标指针会变成十字箭头形状。单击，即可快速选中整个表格，如图4-17所示。

也可以将光标放置在要选择单元格中，打开"表格工具"的"布局"选项卡，在"表"组中单击"选择"下拉按钮，在其下拉列表中执行"选择表格"命令即可。

序号	姓名	餐饮补助	通讯补助	交通补助
1	张晓丽	150	100	80
2	王小明	200	100	100
3	张云	180	100	150
4	赵菲	200	100	60

图4-17

2．插入与删除行或列

如果需要在表格中插入一行或一列数据，首先要在表格中插入一空白行或空白列。当然，也可以将不需要的行或列进行删除。

（1）插入行或列。

在表格中选中与需要插入行的位置相邻的行，选中的行数与要插入的行数相同。打开"表格工具"的"布局"选项卡，在"行和列"组中单击"在上方插入"或"在下方插入"按钮即可。当插入列时，单击"在左侧插入"或"在右侧插入"按钮即可，如图4-18所示。

图4-18

插入行或列还有另一个较快捷的方法，选中需要插入位置的行或列右击，在弹出的快捷菜单中执行"插入"命令。当插入行时，在打开的下拉列表中执行"在上方插入行"或"在下方插入行"命令即可。当插入列时，在打开的下拉列表中执行"在左侧插入列"或"在右侧插入列"命令即可。

（2）复制行或列。

选中需要复制的行或列，在"开始"选项卡下的"剪贴板"组中，单击"复制"按钮或使用Ctrl+C组合键，将光标移动至目标位置行或列的第一个单元格处，单击"粘贴"按钮或使用Ctrl+V组合键，即可将所选行复制为目标行的上一行，或将所选列复制为目标列的前一列，如图4-19所示。

也可以选中需要复制的行或列，右击，在弹出的快捷菜单中执行"复制"命令，然后将光标移动至目标行或列的任一个单元格中，再次右击，在弹出的快捷菜单中执行"粘贴行"或"粘贴列"命令，即可将所选行复制为目标行的上一行，或将所选列复制为目标列的前一列，如图4-20所示。

图4-19   图4-20

还可以选中需要复制的行或列，同时按住Ctrl键，当鼠标指针变为⊞形状时拖拽所选内容，拖至目标位置后释放鼠标，即可完成复制行或列的操作。

（3）移动行或列。

选中需要移动的行或列，在"开始"选项卡下的"剪贴板"组中，单击"剪切"按钮，或使用Ctrl+X组合键，将光标移动至目标位置行或列的第一个单元格处，单击"粘贴"按钮或使用Ctrl+V组合键，即可将所选中的行或列移动到目标位置处。

也可以选中需要复制的行或列右击，在弹出的快捷菜单中执行"剪切"命令，然后将光标移动至目标行或列的每一个单元格中，再次右击，在弹出的快捷菜单中执行"粘贴行"或"粘贴列"命令，即可将所选行移动至目标行的上一行，或将所选列移动至目标列的前一列。

还可以选中需要移动的行或列，同时按住鼠标左键不放，当鼠标指针变为形状时拖拽所选内容至目标位置后，释放鼠标即可完成移动行或列的操作。

（4）删除行或列。

选中需要删除的行或列，或将光标放置在该行或列的任意单元格中，打开"表格工具"的"布局"选项卡，在"行和列"组中单击"删除"下拉按钮，在弹出的下拉菜单中执行"删除行"或"删除列"命令即可。

也可以选择需要删除的行或列后右击，在弹出的快捷菜单中执行"删除行"或"删除列"命令，即可完成删除行或列的操作，也可按Ctrl+X组合键完成删除操作。

3．调整行高与列宽

根据表格内容的不同，表格的尺寸和外观要求也有所不同，可以根据表格的内容来调整表格的行高和列宽。

（1）自动调整。

选中需要调整的单元格，打开"表格工具"的"布局"选项卡，在"单元格大小"组中单击"自动调整"下拉按钮，就可以在弹出的下拉列表中执行"根据内容自动调整表格"或"根据窗口自动调整表格"命令，也可直接指定固定的列宽，如图4-21所示。

也可以选中需要调整的单元格右击，在弹出的快捷菜单中执行"自动调整"命令，打开"自动调整"下拉列表。

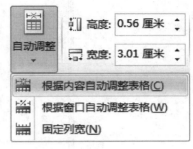

图4-21

（2）精确调整。

可以在"表格属性"对话框中通过输入数值的方式精确调整行高与列宽。将光标定位在需要设置的行中，打开"表格工具"的"布局"选项卡，在"单元格大小"组中单击右下角的对话框启动器按钮 ，弹出"表格属性"对话框。

在"行"选项卡下的"指定高度"右侧的微调框中输入精确的数值。单击"上一行"或"下一行"按钮，即可将光标定位在"上一行"或"下一行"处，进行相同的设置即可，如图4-22所示。

图4-22

在"列"选项卡下，可以在"指定宽度"右侧的微调框中输入精确的数值。单击"前一列"或"后一列"按钮，即可将光标定位在"前一列"或"后一列"处，进行相同的设置即可，如图4-23所示。

选中部分单元格或整个表格右击，在弹出的快捷菜单中执行"表格属性"命令，也可打开"表格属性"对话框。

图4-23

还可以打开"表格工具"的"布局"选项
卡，在"单元格大小"组中"高度"和"宽度"
右侧的微调框中输入或微调至精确的数值，对所
选单元格区域或整个表格的行高与列宽进行精确
设置，如图4-24所示。

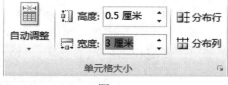

图4-24

（3）拖拽鼠标进行调整。

调整行高时，先将鼠标指针指向需要调整行
的下边框，当鼠标指针变为 形状时拖拽鼠标至所需位置即可。调整列宽时，先将鼠
标指针指向表格中所要调整列的竖边框，当鼠标指针变为 形状时拖拽边框至所需要的
位置即可。只是此方法会影响整个表格的大小。

在拖拽鼠标时，如果同时按住Shift键，则边框左边一列的宽度发生变化，整个表格
的总体宽度也随之改变；若同时按住Ctrl键，则边框左边一列的宽度发生变化，右边各
列也发生均匀的变化，而整个表格的总体宽度不变。

（4）快速平均分布。

选择多行或多列单元格，在"表格工具"中"布局"选项卡下的"单元格大小"
组中，单击"分布行"按钮或者"分布列"按钮，可以快速将所选择的多行或者多列进
行平均分布。

4.4　表格的格式设置

设置表格格式也叫格式化表格。表格的基本操作完成后，可以对表格的文本格
式、边框和底纹等属性进行设置。

4.4.1　设置文本格式

设置表格文本格式主要包括字体格式和文本对齐方式设置。

（1）文本字体格式设置。

文本字体格式的设置方法与设置正文文本所做的操作基本相同，选中需要设置文本格式的单元格后，在"开始"选项卡下的"字体"组中即可对文本的字体、字形、字号、字体颜色等选项进行设置，如图4-25所示。

（2）文本对齐方式设置。

默认情况下，单元格中输入的文本内容为顶端左对齐，可以根据需要调整文本的对齐方式。选择需要设置文本对齐方式的单元格区域或整个表格，打开"表格工具"的"布局"选项卡，在"对齐方式"组中单击相应的按钮即可设置文本对齐方式，如图4-26所示。

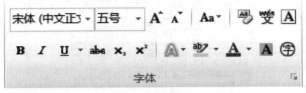

图4-25　　　　　　　　　　　　　　图4-26

还可以右击选中的单元格区域或整个表格，在弹出的快捷菜单中选择需要的文本对齐方式。

表格中文本的对齐方式包括：

- 靠上左对齐：文字靠单元格左上角对齐。
- 靠上居中对齐：文字居中，并靠单元格顶部对齐。
- 靠上右对齐：文字靠单元格右上角对齐。
- 中部左对齐：文字垂直居中，并靠单元格左侧对齐。
- 水平居中：文字在单元格内水平和垂直都居中。
- 中部右对齐：文字垂直居中，并靠单元格右侧对齐。
- 靠下左对齐：文字靠单元格左下角对齐。
- 靠下居中对齐：文字居中，并靠单元格底部对齐。
- 靠下右对齐：文字靠单元格右下角对齐。

4.4.2　设置边框和底纹

默认情况下，Word 2010自动将表格的边框线设置为0.5磅的黑色单实线，为了使表格更加美观，可以为表格设置边框和底纹的样式。

1．添加或删除边框

（1）添加边框。

选择需要添加边框的单元格，打开"表格工具"的"设计"选项卡，在"表样式"

组中单击"边框"下拉按钮  ，在弹出的下拉列表中可以选择为表格设置边框，如图4-27所示。

还可以通过对话框设置表格的边框，选择需要设置边框的单元格右击，在弹出的快捷菜单中执行"边框和底纹"命令，打开"边框和底纹"对话框，在"边框"选项卡下可以设置边框线条的颜色、样式、粗细等，如图4-28所示。

图4-27　　　　　　　　　　　　　　　　图4-28

"边框和底纹"对话框的"边框"选项卡下的各项功能如下：
- 在"设置"区域内可以选择边框的效果，如方框、全部、虚框等。
- 在"样式"区域可以选择边框的线型，如直线、虚线、波浪线、双实线等。
- 在"颜色"区域可以设置边框的颜色。
- 在"宽度"区域可以设置边框线的粗细，如0.5磅、1磅等。
- 在"预览"区域通过使用相应的按钮，可具体对指定位置的边框应用样式并预览其效果，主要设置项目包括上、下、左、右边框，内部横网格线、竖网格线、斜线边框等。
- 在"应用于"区域可以选择边框应用的范围，如表格、单元格等。

（2）删除边框。

若要删除表格的边框，选择需要设置边框的表格区域或整个表格，打开"表格工具"的"设计"选项卡，在"表样式"组中单击"边框"下拉按钮，在弹出的下拉列表中执行"无框线"命令即可。

2．添加或删除底纹

（1）添加底纹。

选择需要添加底纹的单元格，打开"表格工具"的"设计"选项卡，在"表样式"

组中单击"底纹"按钮 底纹▼，在弹出的下拉列表中可以选择一种底纹颜色，如图4-29所示。

　　还可以通过对话框设置表格的底纹，选择需要添加底纹的单元格右击，在弹出的快捷菜单中执行"边框和底纹"命令，弹出"边框和底纹"对话框，在"底纹"选项卡下可以设置填充底纹的颜色、填充图案的样式及颜色、应用范围等，如图4-30所示。

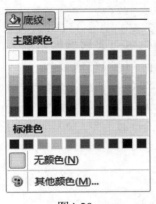

图4-29

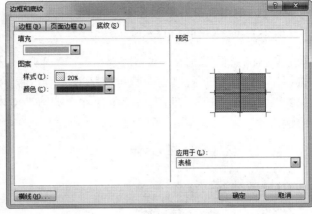

图4-30

　　（2）删除底纹。

　　若要删除表格的底纹，只需要选择已设置底纹的表格区域或整个表格，打开"表格工具"的"设计"选项卡，在"表样式"组中单击"底纹"按钮，在弹出的下拉列表中执行"无颜色"命令即可。

4.4.3　设置表格的对齐方式及文字环绕方式

　　在"表格属性"对话框中可以设置表格的对齐方式、文字环绕方式。

　　具体操作方法是：选择要进行设置的表格，在"表格工具"的"布局"选项卡下的"表"组中单击"属性"按钮，即可打开"表格属性"对话框。在"表格"选项卡下的"对齐方式"区域可以设置表格在文档中的对齐方式，主要有左对齐、居中和右对齐；在"文字环绕"区域中选择"环绕"选项，则可以设置文字环绕表格，如图4-31所示。

图4-31

4.5 样题解答

 随书光盘中提供了本样题的操作视频。

执行"文件"→"打开"命令，在"查找范围"文本框中找到指定路径，选择A4.docx文件，单击"打开"按钮。

1．创建表格并自动套用格式

第1步：将光标定位在文档开头处，在"插入"选项卡下"表格"组中单击"表格"按钮，在打开的下拉列表中执行"插入表格"命令，如图4-32所示。

第2步：弹出"插入表格"对话框，在"列数"文本框中输入"7"，在"行数"文本框中输入"3"，如图4-33所示，单击"确定"按钮。

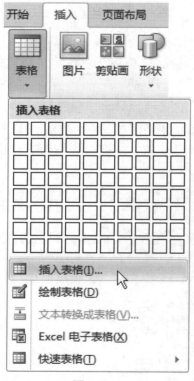

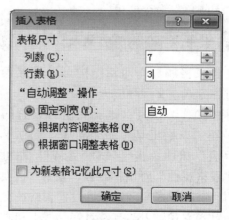

图4-32   图4-33

第3步：选中整个表格，打开"表格工具"的"设计"选项卡，在"表格样式"组中单击"表格样式"右侧的"其他"按钮▾，在打开的列表框中"内置"区域选择"中等深浅网格1 - 强调文字颜色4"的表格样式，如图4-34所示。

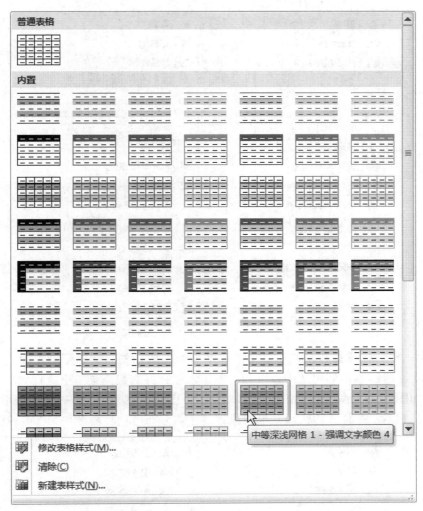

图4-34

2. 表格的基本操作

第4步：选中"车间"文本所在单元格和右边的空白单元格，打开"表格工具"的"布局"选项卡，在"合并"组中单击"合并单元格"按钮，如图4-35所示。

第5步：将鼠标指针移至"第四车间"所在行的左侧，当鼠标指针变成形状∜时，单击即可选中该行。右击，在打开的快捷菜单中执行"剪切"命令，将内容暂时存放在剪贴板上，如图4-36所示。

第6步：将鼠标指针移至"第五车间"所在行的左侧，当鼠标指针变成形状∜时，单击即可选中该行。右击，在打开的快捷菜单中执行"粘贴选项"下的"以新行的形式插入"命令即可，如图4-37所示。

图4-35

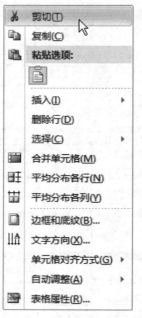

图4-36

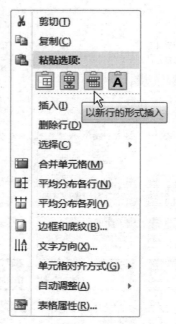

图4-37

第7步：将鼠标指针移至"不合格产品（件）"所在列右侧的空列上面，当鼠标指针变成形状 ↓ 时，单击即可选中该空列。右击，在打开的快捷菜单中执行"删除列"命令即可，如图4-38所示。选中整个表格，右击，在打开的快捷菜单中执行"平均分布各行"命令。右击，在打开的快捷菜单中执行"平均分布各列"命令，如图4-39所示。

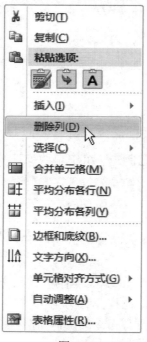

图4-38

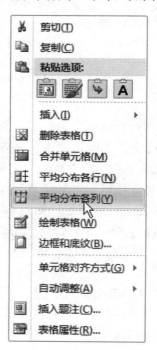

图4-39

3．表格的格式设置

第8步：选中表格中包含数值的单元格，打开"表格工具"的"布局"选项卡，在"对齐方式"组中单击"水平居中"按钮，如图4-40所示。

第9步：选中表格第1行，打开"表格工具"的"设计"选项卡，在"表格样式"组中单击"底纹"下拉按钮，在打开的下拉列表中选择标准色中的"橙色"，如图4-41所示。

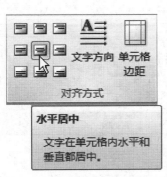

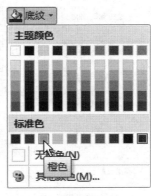

图4-40

图4-41

第10步：选中表格第2～6行，打开"表格工具"的"设计"选项卡，在"表格样式"组中单击"底纹"下拉按钮，在打开的下拉列表中执行"其他颜色"命令，如图4-42所示。弹出"颜色"对话框，在"自定义"选项卡下的"颜色模式"后的下拉列表中选择"RGB"，在"红色"后的微调框中输入"255"，在"绿色"后的微调框中输入"153"，在"蓝色"后的微调框中输入"204"，如图4-43所示，单击"确定"按钮。

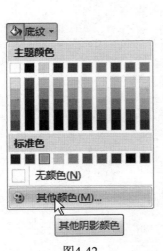

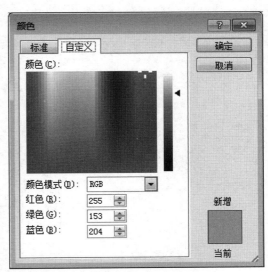

图4-42

图4-43

第11步：选中整个表格，打开"表格工具"的"设计"选项卡，在"绘图边框"组中单击右下角的"对话框启动器"按钮，如图4-44所示。

第12步：在弹出的"边框和底纹"对话框的"边框"选项卡下，单击"设置"区域的"方框"按钮，在"样式"下拉列表中选择"双实线"，在"宽度"下拉列表中选择"1.5磅"，如图4-45所示。

图4-44

图4-45

第13步：在"边框和底纹"对话框中的"边框"选项卡下，单击"设置"区域的"自定义"按钮，在"样式"下拉列表中选择"点划线"，在"宽度"下拉列表中选择"0.5磅"，在"预览"区域中单击"横网格线"按钮▦。在"样式"下拉列表中选择"细实线"，在"宽度"下拉列表中选择"0.5磅"，在预览区域中单击"竖网格线"按钮▦，最后单击"确定"按钮。

第14步：执行"文件"→"保存"命令。

第五章 文档的版面设置与编排

　　虽然现在提倡无纸化办公，但在日常工作中还是经常会使用到书面的文档，这就需要将文档打印出来。将文档编辑完毕后，还要对文档的版面进行设置和编排，使其达到所需要的文档要求。

本章主要内容
- 文档的版面设置
- 文档内容的图文混排

评分细则
　　本章有7个评分点，每题15分。

序号	评分点	分值	得分条件	判分要求
1	设置页面	2	正确设置纸张大小，页面边距数值准确	一处未按要求设置则不给分
2	设置页眉/页码	2	设置正确，内容完整	页码必须使用"插入页码"技能点，其他方式设置不得分
3	设置艺术字	3	按要求正确设置艺术字	艺术字样式、大小和位置与样文相符，精确程度不作严格要求
4	设置分栏、分页格式	1	栏数和分栏效果正确 在指定位置正确插入分页符	有数值要求的须严格掌握
5	设置边框/底纹	2	位置、范围、数值正确	有颜色要求的须严格掌握
6	插入图片、设置图片格式	3	图片大小、位置、环绕方式或外观样式正确	精确程度不作严格要求
7	插入脚注（尾注）	2	设置正确，内容完整	录入内容可有个别错漏

本章导读
　　综上所述，我们明确了本章所要求掌握的技能考核点以及对应《试题汇编》单元的评分点、分值和判分要求等。下面先在"样题示范"中展示《试题汇编》中的一道真题，然后详细讲解本章中涉及到的知识点和技能考核点，最后通过"样题解答"来讲解这道真题的详细操作步骤。

5.1 样题示范

【练习目的】

从《试题汇编》中选取样题，了解本章题目类型，掌握本章重点技能点。

【样题来源】

《试题汇编》第五单元5.1题（随书光盘中提供了本样题的操作视频）。

【操作要求】

打开文档A5.docx，按下列要求设置、编排文档的版面如【样文5-1】所示。

1. 页面设置：

● 自定义纸张大小为宽20厘米、高25厘米，设置页边距为上、下各1.8厘米，左、右各2厘米。

● 按样文所示，为文档添加页眉文字和页码，并设置相应的格式。

2. 艺术字设置：

● 将标题"画鸟的猎人"设置为艺术字样式"填充 – 橙色，强调文字颜色6，暖色粗糙棱台"；字体为华文行楷，字号为44磅；文字环绕方式为"嵌入型"，并为其添加映像变体中的"紧密映像，8 pt偏移量"和转换中"停止"弯曲的文本效果。

3. 文档的版面格式设置：

● **分栏设置**：将正文除第1段以外的其余各段均设置为两栏格式，栏间距为3字符，显示分隔线。

● **边框和底纹**：为正文的最后一段添加双波浪线边框，并填充底纹为图案样式10%。

4. 文档的插入设置：

● **插入图片**：在样文中所示位置插入图片C:\2010KSW\DATA2\pic5-1.jpg，设置图片的缩放比例为45%，环绕方式为"紧密型环绕"，并为图片添加"剪裁对角线，白色"的外观样式。

● **插入尾注**：为第2行"艾青"两个字插入尾注"艾青（1910-1996）：现、当代诗人，浙江金华人。"

【样文5-1】

画鸟的猎人

艾 青[i]

一个人想学打猎，找到一个打猎的人，拜他做老师。他向那打猎的人说："人必须有一技之长，在许多职业里面，我所选中的是打猎，我很想持枪到树林里去，打到那我想打的鸟。"

于是打猎的人检查了那个徒弟的枪，枪是一支好枪，徒弟也是一个有决心的徒弟，就告诉他各种鸟的性格和有关瞄准与射击的一些知识，并且嘱咐他必须寻找各种鸟去练习。

那个人听了猎人的话，以为只要知道如何打猎就已经能打猎了，于是他持枪到树林。但当他一入树林，走到那里，还没有举起枪，鸟就飞走了。

艾青

于是他又来找猎人，他说："鸟是机灵的，我没有看见它们，它们先看见我，等我一举起枪，鸟早已飞走了。"

猎人说："你是想打那不会飞的鸟吗？"

他说："说实在的，在我想打鸟的时候，要是鸟能不飞该多好呀！"

猎人说："你回去，找一张硬纸，在上面画一只鸟，把硬纸挂在树上，朝那鸟打——你一定会成功。"

那个人回家，照猎人所说的做了，试验着打了几枪，却没有一枪能打中。他只好再去找猎人。他说："我照你说的做了，但我还是打不中画中的鸟。"猎人问他是什么原因，他说："可能是鸟画得太小，也可能是距离太远。"

那猎人沉思了一阵向他说："对你的决心，我很感动，你回去，把一张大一些的纸挂在树上，朝那纸打——这一次你一定会成功。"

那人很担忧地问："还是那个距离吗？"

猎人说："由你自己去决定。"

那又问："那纸上还是画着鸟吗？"

猎人说："不。"

那人苦笑了，说："那不是打纸吗？"

猎人很严肃地告诉他说："我的意思是，你先朝着纸只管打，打完了，就在有孔的地方画上鸟，打了几个孔，就画几只鸟——这对你来说，是最有把握的了。"

----

[i] 艾青（1910-1996）：现、当代诗人，浙江金华人。

5.2　文档的版面设置

对文档进行版面设置，主要包括设置纸张大小、页边距、页眉和页脚、边框和底纹、文档分栏等。

5.2.1　设置页面

文档最终是以页打印输出的。因此，页面的美观显得尤为重要，输出文档之前首先要进行页面的设置，比如页边距、纸张的大小等，然后才能把文档中的正文和图形打印到纸的正确位置。

1．设置页边距

页边距是页面边缘的空白区域。一般情况下，在页边距可打印区域内插入文本和图形。当更改文档的页边距时，也就更改了文本和图形显示在每页上的位置。设置页边距有两种方法，可以在功能区中选择预定义设置的页边距，也可以在对话框中自定义设置。

方法1：单击"页面布局"选项卡，在"页面设置"区域中单击"页边距"下拉按钮，在弹出的下拉列表中选择所需要的内置页边距，如图5-1所示。

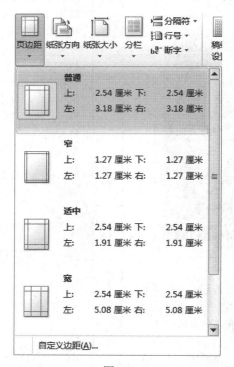

图5-1

这样设置页边距，如果文档包含多个节，新的页边距类型将只应用到当前节。如果文档包含多个节，并且已选中多个部分，则新的页边距类型将应用到所选择的每一节。

　　方法2：单击"页面布局"选项卡，在"页面设置"区域中单击"页边距"下拉按钮，在弹出的下拉列表中执行"自定义边距"命令，打开"页面设置"对话框。在"页边距"选项卡下，可以自定义设置上、下、左、右的页边距，如图5-2所示。

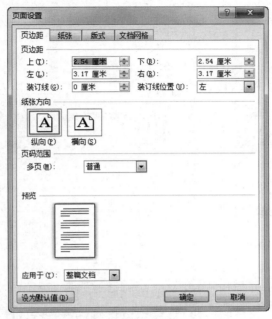

图5-2

2．设置纸张方向和大小

　　为了适应不同的打印纸张，可以通过以下操作改变页面方向和大小。

　　（1）设置纸张方向。

　　在默认情况下，Word编辑区域纸张的方向总是纵向排列的，如果想编辑横幅面的内容，可以在"页面布局"选项卡下的"页面设置"区域中，单击"纸张方向"下拉按钮，在弹出的下拉列表中执行"横向"命令，如图5-3所示。

图5-3

　　（2）选择纸张大小。

　　在"页面布局"选项卡下的"页面设置"区域中，单击"纸张大小"下拉按钮，在弹出的下拉列表中可以选择适合的纸张大小，如A4、B5等，如图5-4所示。

　　（3）自定义纸张大小。

　　如果使用的打印纸张较为特殊，可以通过以下方法自定义纸张的大小：在"页面布局"选项卡下的"页面设置"区域中，单击"纸张大小"按钮，在弹出的下拉列表中执行"其他页面大小"命令。在弹出的"页面设置"对话框中选择"纸张"选项卡，在"纸张大小"区域可直接输入所需要的宽度值和高度值，最后单击"确定"按钮完成此次设置，如图5-5所示。

图5-4

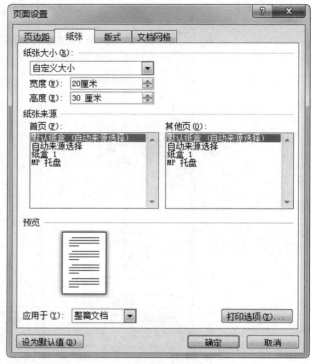

图5-5

5.2.2 设置页眉、页脚与页码

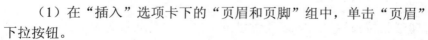

页眉和页脚都是文档的重要组成部分，是文档中每个页面的顶部、底部和两侧页边距中的区域。可以在页眉和页脚中插入或更改文本和图形，也可以添加页码、时间和日期、公司徽标、文档标题、文件名或作者姓名等。这样就可以在阅读时从页眉页脚中知道相应的信息，如当前页数、当前阅读的小节、文档名字、编写的信息等。

1．插入页眉和页脚

在"插入"选项卡下的"页眉和页脚"组中，可以执行插入页眉、页脚和页码的操作，如图5-6所示。

插入页眉的具体操作步骤如下：

图5-6

（1）在"插入"选项卡下的"页眉和页脚"组中，单击"页眉"下拉按钮。

（2）在弹出的下拉列表中选择所需要的页眉样式，如图5-7所示。页眉即被插入到文档的每一页中。

（3）此时光标在文档顶端的页眉区域闪烁，直接输入所需要的页眉内容即可，如图5-8所示。

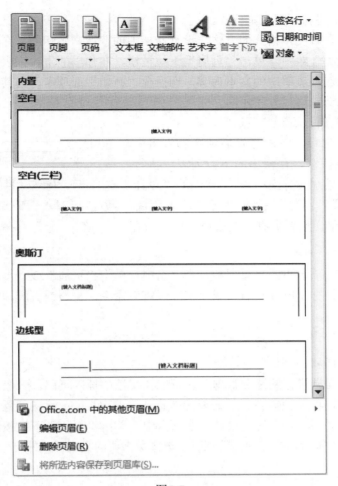

图5-7

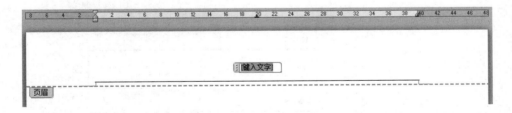

图5-8

（4）设置完成后，在"页眉和页脚工具"的"设计"选项卡下单击"关闭"组中的"关闭页眉和页脚"按钮，返回文档正文，如图5-9所示。

（5）插入页脚的方法与插入页眉是相同的。

2．设置页眉和页脚格式

在插入页眉和页脚后，为了使其达到更加美观的效果，还可以为其设置格式。

图5-9

（1）设置页眉和页脚文本格式。

设置页眉和页脚文本格式的方法与设置文档中的普通文本相同。在"插入"选项卡下的"页眉和页脚"组中，单击"页眉"下拉按钮，在弹出的下拉列表中执行"编辑页眉"命令。然后选择页眉中的文本内容，切换至"开始"选项卡，为其设置所需要的字体格式设置页脚文本格式方法相同。

（2）设置页眉、页脚和页边距。

在"插入"选项卡下的"页眉和页脚"组中，单击"页眉"下拉按钮，在弹出的下拉列表中执行"编辑页眉"命令。在"页眉和页脚工具"的"设计"选项卡下的"位置"组中，设置"页眉顶端距离"数值，如图5-10所示。设置页脚、页边距方法相同。

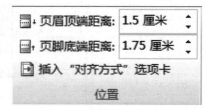

图5-10

3．删除页眉、页脚

在"插入"选项卡下的"页眉和页脚"组中，单击"页眉"或"页脚"下拉按钮，在其下拉列表中执行"删除页眉"或"删除页脚"命令，页眉或页脚即被从整个文档中删除。

4．页码

（1）插入页码。

为了方便对文档进行阅读和管理，还可以在文档中插入页码。一般情况下，页码显示在文档的底端，可以根据自己的需要选择样式来确定页码显示的位置。具体操作步骤为：在"页眉和页脚工具"的"设计"选项卡中，单击"页码"下拉按钮，在弹出的下拉列表中选择插入位置，再在弹出的列表中选择所需要的页码样式即可，如图5-11所示。

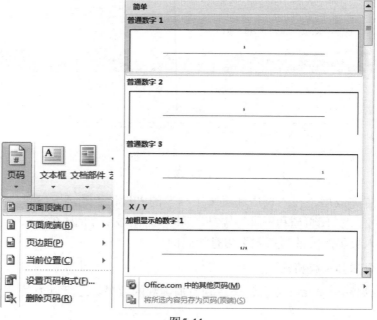

图5-11

（2）设置页码格式。

　　如果对页码格式不满意，还可以设置页码的格式。具体操作步骤为：在"页眉和页脚工具"的"设计"选项卡下，单击"页码"下拉按钮，在弹出的下拉列表中执行"设置页码格式"命令，弹出"页码格式"对话框，在"编号格式"列表框中选择所需要的页码格式，如图5-12所示。

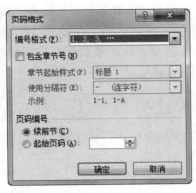

图5-12

5.2.3　设置脚注和尾注

　　注释是对文档中的个别术语作进一步的说明，以便在不打断文章连续性的前提下把问题描述得更清楚。注释由注释标记和注释正文两部分组成。注释通常分为脚注和尾注，一般情况下，脚注出现在每页的末尾，尾注出现在文档的末尾。

1．插入脚注和尾注

　　在"引用"选项卡下的"脚注"组中，可以执行插入脚注和尾注的操作，如图5-13所示。

　　插入脚注的具体操作步骤如下：

　　（1）将光标定位在要添加脚注的文本的后面。

　　（2）在"引用"选项卡下的"脚注"组中，单击"插入脚注"按钮。

　　（3）光标在页面底端的脚注区域闪烁时，直接输入所需要的脚注内容即可，如图5-14所示。

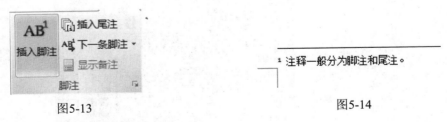

图5-13　　　　　　　　　　　　　　图5-14

　　（4）插入尾注的方法与插入脚注的方法相同。

2．查看和修改脚注和尾注

　　若要查看脚注或尾注，只要把光标指向要查看的脚注或尾注的注释标记，页面中将出现一个文本框显示注释文本的内容。或者在"脚注"组中，单击"显示备注"按钮。如果文档中只包含脚注或尾注，在执行"显示备注"命令后即可直接进入脚注区或尾注区。

修改脚注或尾注的注释文本需要在脚注或尾注区进行。如果不小心把脚注或尾注插错了位置，可以使用移动脚注或尾注位置的方法来改变脚注或尾注的位置。移动脚注或尾注只需选中要移动的脚注或尾注的注释标记，并拖拽到所需的位置即可。

删除脚注或尾注只要选中需要删除的脚注或尾注的注释标记，然后按Delete键即可，此时脚注或尾注区域的注释文本同时被删除。进行移动或删除操作后，Word 2010都会自动重新调整脚注或尾注的编号。

5.2.4 设置文档的版面格式

为了满足编辑各种版式文档的需要，可以为文档设置分栏排版、添加边框和底纹等，使整个文档版面看起来更加美观大方。

1．设置分栏版面

分栏是文字排版的重要内容之一，所谓分栏排版就是指按实际排版需求，将文本分成并排的若干个条块，从而使文档美观整齐，易于阅读。Word 2010具有分栏排版功能，可以把每一栏都作为一个节对待，这样就可以对每一栏单独进行格式化和版面设计。

（1）快速分栏。

在"页面布局"选项卡下的"页面设置"组中单击"分栏"下拉按钮，在弹出的下拉列表中选择所需要的栏数，如图5-15所示。

（2）手动分栏。

如果想要根据需要设置不同的栏数、栏宽等，可以在"页面布局"选项卡下的"页面设置"组中单击"分栏"下拉按钮，在弹出的下拉列表中执行"更多分栏"命令，弹出"分栏"对话框，可以在"栏数"文本框中自定义分栏的栏数，最多可以设置12栏，在"宽度和间距"区域可以设置分栏的栏宽、间距，选中"分隔线"复选框可以在各个栏之间添加分隔线，最后可以在"应用于"下拉列表框中选择"整篇文档"、"所选文字"或是"插入点之后"，如图5-16所示。

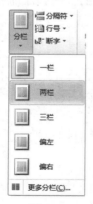

图5-15

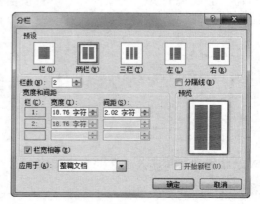

图5-16

2. 添加边框和底纹

为了使文档中的重要内容突出显示，可以为其设置边框和底纹，也可以使用突出显示文本功能。

（1）设置边框。

选择要添加边框的文本或段落，在"开始"选项卡下的"段落"组中单击"下框线"按钮 ▦ ▾ 右侧的下拉按钮，可以在弹出的下拉列表中选择所需要的边框选项，如图5-17所示。

也可以在该下拉列表中执行"边框和底纹"命令，打开"边框和底纹"对话框，在"边框"选项卡下对各选项进行设置。在左侧的"设置"区域内可以选择边框的效果，如方框、阴影、三维等，在"样式"区域可以选择边框的线型，如直线、虚线、波浪线、双实线等，在"颜色"区域可以设置边框的颜色，在"宽度"区域可以设置边框线的粗细，如0.5磅、1磅等，在"应用于"区域可以选择边框应用的范围，如文字或段落，如图5-18所示。

图5-17

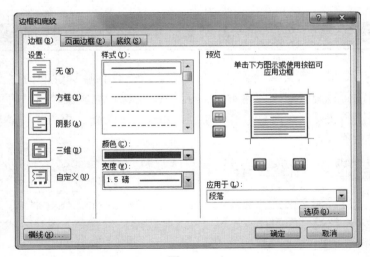

图5-18

（2）设置底纹。

在"开始"选项卡下的"字体"组中单击"底纹"按钮右侧的下拉按钮，在弹出的下拉列表中选择要填充的颜色，如图5-19所示。

也可以在"边框和底纹"对话框中的"底纹"选项卡下进行设置。在该选项卡中可以对底纹的填充颜色、图案样式、图案颜色及应用范围进行设置，如图5-20所示。

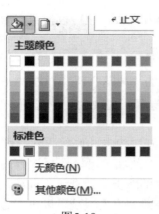

图5-19

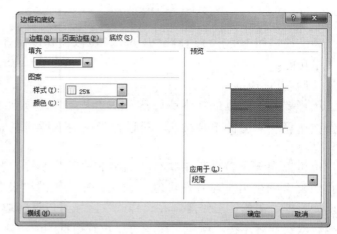

图5-20

（3）突出显示文本。

Word 2010还提供了突出显示文本的功能，可以快速将指定的内容以需要的颜色突出显示出来，常应用于审阅文档。

首先选择需要设置突出显示的文本，在"开始"选项卡下的"字体"组中单击"以不同颜色突出显示文本"按钮 右侧的下拉按钮，在弹出的下拉列表中选择所需要的颜色，即可使所选择的文本以相应的颜色突出显示出来。

5.3 文档内容的图文混排

如果一篇文章通篇只有文字，而没有任何修饰性的内容，在阅读时不仅缺乏吸引力，而且阅读起来劳累不堪。在用Word 2010编辑文档时，可以插入图片、艺术字等，制作图文并茂、内容丰富的文档，不仅会使文章、报告显得生动有趣，还能更直观地理解文章内容。

5.3.1 插入并编辑图片

为了使文档更加美观、生动，可以在其中插入图片对象。在Word 2010中不仅可以插入系统提供的图片，还可以从其他程序和位置导入图片，或者从扫描仪或数码相机中直接获取图片。

1. 插入剪贴画

在安装Office程序后，系统自带了一些图片，即剪贴画。剪贴画图库内容非常丰富，设计精美、构思巧妙，并且能够表达不同的主题，适合于制作各种文档。插入剪贴画的操作步骤如下：

（1）在"插入"选项卡下的"插图"组中单击"剪贴画"按钮，如图5-21所示。

图5-21

（2）此时在窗口右侧打开"剪贴画"边栏，在"搜索文字"文本框中输入剪贴画关键字，如"工作"，再单击"搜索"按钮，此时可以看到在任务窗格中显示了多个搜索到的剪贴画，如图5-22所示。

图5-22

（3）将光标定位在文档中需要插入图片的位置，然后单击要选择的剪贴画，即可将其插入到文档中。

2．插入文件中的图片

如果需要使用的图片已经保存在计算机中，那么可以执行插入文件中的图片功能，将图片插入到文档中。这些图片文件可以是Windows的标准BMP位图，也可是其他应用程序所创建的图片，如JPEG压缩格式的图片、TIFF格式的图片等。

（1）在"插入"选项卡下的"插图"组中单击"图片"按钮，如图5-23所示。

（2）在打开的"插入图片"对话框中选择需要插入的图片，单击"插入"按钮即可将图片插入到文档中，如图5-24所示。默认情况下，被插入的图片会直接嵌入到文档中，并成为文档的一部分。

图5-23

图5-24

提示：如果要链接图形文件，而不是插入图片，可在"插入图片"对话框中选择要链接的图形文件，然后单击"插入"下拉按钮，在弹出的菜单中执行"链接到文件"命令即可。使用链接方式插入的图片在文档中不能被编辑。

3．编辑图片

在文档中插入图片后，为使其达到更加美观的效果，还可以为其设置格式，比如调整图片大小和位置，设置图片的文字环绕方式、旋转图片、裁剪图片、为图片重新设置颜色、应用图片样式等。选中要编辑的图片，可自动打开"图片工具"的"格式"选项卡，如图5-25所示。

图5-25

（1）调整图片大小。

通常在默认情况下插入的图片的大小和位置并不符合文档的实际需求，需要对其大小和位置进行调整。调整图片大小的常用操作方法如下：

方法1：选中插入的图片，此时图片四周出现8个控制点，将鼠标指针移动到这些控制点时，鼠标指针将变成"↕"、"↔"、"↖"、"↗"双向箭头形状，这时按住鼠标拖拽图片控制点，即可任意调整图片大小。

方法2：选中插入的图片，在"图片工具"的"格式"选项卡下"大小"组中的"高度"和"宽度"文本框中可以精确设置图片的大小，如图5-26所示。

图5-26

方法3：选中插入的图片，在"图片工具"的"格式"选项卡下的"大小"组中单击右下角的对话框启动器按钮 ，打开"布局"对话框。在"大小"选项卡下 "缩放"选项区域的"高度"和"宽度"微调框中均可输入缩放比例，并选中"锁定纵横比"和"相对原始图片大小"复选框，即可实现图片的等比例缩放操作，如图5-27所示。

图5-27

（2）调整图片位置。

选中图片并将指针移至图片上方，待鼠标指针变成十字箭头 形状时，按住鼠标进行拖拽，这时鼠标指针变为 形状，移动图片至合适的位置，释放鼠标即可移动图片。移动图片的同时按住Ctrl键，即可实现图片的复制操作。

（3）旋转图片。

当需要图片以一定的角度显示在文档中时，可以旋转图片。可以通过图片的旋转控制点自由旋转图片，也可以选择固定旋转的角度。旋转图片的常用操作方法如下：

方法1：自由旋转图片。如果对于Word文档中图片的旋转角度没有精确要求，可以使用旋转手柄旋转图片。首先选中图片，图片的上方将出现一个绿色的旋转手柄。将鼠标指针移动到旋转手柄上，当鼠标指针呈旋转箭头形状时，按住鼠标按顺时针或逆时针方向旋转图片即可，如图5-28所示。

图5-28

方法2：固定旋转图片。Word 2010预设了4种图片旋转效果，即向右旋转90°、向左旋转90°、垂直翻转和水平翻转。首先选中需要旋转的图片，在"格式"选项卡下的"排列"组中单击"旋转"下拉按钮，可以在打开的下拉列表中选择"向右旋转90°"、"向左旋转90°"、"垂直翻转"或"水平翻转"效果，如图5-29所示。

图5-29

方法3：按角度值旋转图片。可以通过指定具体的数值，以便更精确地控制图片的旋转角度。首先选中需要旋转的图片，在"图片工具"的"格式"选项卡下的"排列"组中单击"旋转"按钮，在打开的下拉列表中执行"其他旋转选项"命令。在打开的"布局"对话框的"大小"选项卡下的"旋转"区域调整"旋转"编辑框的数值，并单击"确定"按钮即可按指定角度值旋转图片，如图5-30所示。

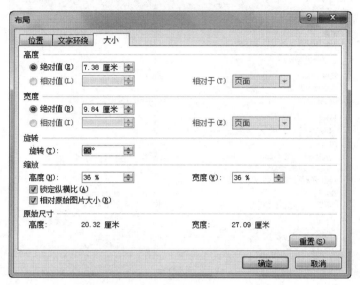

图5-30

（4）设置图片的文字环绕方式。

默认情况下插入的图片是嵌入到文档中的，可以设置图片的文字环绕方式，使其与文档显示更加协调。要设置图片的环绕方式，可以在"格式"选项卡的"排列"组中单击"自动换行"下拉按钮，从弹出的下拉列表中选择一种文字环绕方式。Word 2010提供了7种图片环绕方式，如图5-31所示。

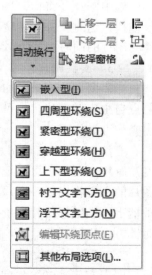

图5-31

- 嵌入型：该方式使图像的周围环绕文字，将图像置于文档中文本行的插入点位置，并且与文字位于相同的层上。
- 四周型环绕：该方式将文字环绕在所选图像边界框的四周。
- 紧密型环绕：该方式将文字紧密环绕在图像自身边缘的周围，而不是图像边界框的周围。
- 穿越型环绕：该方式类似于四周型环绕，但文字可进入到图片空白处。
- 上下型环绕：该方式将图片置于两行文字中间，图片的两侧无字。
- 衬于文字下方：该方式将取消文本环绕，并将图像置于文档中文本层之后，对象在其单独的图层上浮动。

● 浮于文字上方：该方式将取消文本环绕，并将图像置于文档中文本层之前，对象在其单独的图层上浮动。

（5）设置图片样式。

插入图片后，为了使图片更加美观，可以使用"图片工具"的"格式"选项卡为图片设置图片样式。

选中图片后，在"格式"选项卡的"图片样式"组中单击样式区域右下角的"其他"按钮，在弹出的库中选择所需要的样式，如图5-32所示。

图5-32

如果在样式库中没有所需要的图片样式，还可以自定义图片样式。

● 图片边框：在该下拉列表中可以选择图片边框的线形、颜色和粗细，如图5-33所示。

● 图片效果：在该下拉列表中可以为图片设置阴影、映像、发光、柔化边缘、棱台、三维旋转等效果，如图5-34所示。

也可以使用"设置图片格式"对话框进行设置，在"格式"选项卡下的"图片样式"组中单击右下角的对话框启动器按钮，打开"设置图片格式"对话框，选择"线条颜色"、"线型"、"阴影"、"映像"、"发光和柔化边缘"、"三维格式"、"三维旋转"等选项卡，对图片进行设置，如图5-35所示。

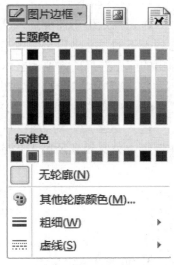

图5-33

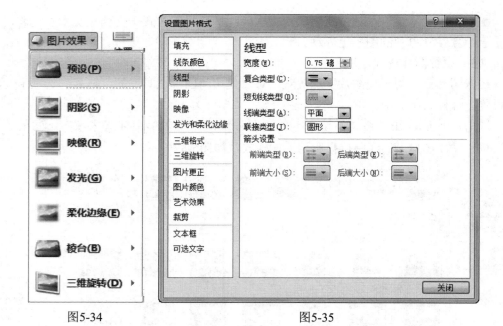

图5-34   图5-35

5.3.2 插入并编辑艺术字

艺术字是一个文字样式库，可以将艺术字添加到Word文档中以制作出装饰性效果，例如，可以拉伸标题、对文本进行变形、使文本适应预设形状，或应用渐变填充。相应的艺术字将成为可以在文档中移动或放置在文档中的对象，以此添加文字效果或进行强调。

1．插入艺术字

将光标定位于需要插入艺术字的位置，在"插入"选项卡下的"文本"组中单击"艺术字"下拉按钮，在弹出的库中选择所需要的艺术字样式，如图5-36所示。

在文档中将出现"请在此放置您的文字"文本框，输入所需文字即可，如图5-37所示。

输入文字后，可以打开"开始"选项卡，在"字体"组中为其设置所需要的字体格式。

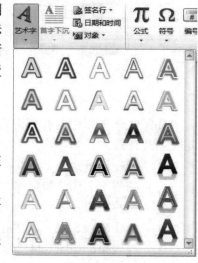

图5-36

图5-37

2．设置艺术字格式

创建好艺术字后，如果对艺术字的样式不满意，可以像设置图片一样设置其样式，如编辑艺术文字、更改艺术字样式、设置艺术字填充颜色等。选择艺术字即会出现"绘图工具"的"格式"选项卡，在其下可以对艺术字进行各种设置，如图5-38所示。

图5-38

（1）更改艺术字样式。

在"格式"选项卡下的"艺术字样式"组中，单击右下角的"其他"按钮，在弹出的库中可以选择需要更改为的样式。

（2）自定义艺术字样式。

- 文本填充：在"格式"选项卡下的"艺术字样式"组中单击"文本填充"下拉按钮，在弹出的下拉列表中可以为艺术字选择填充颜色。还可以为文本设置渐变效果，如图5-39所示。

也可以使用"设置文本效果格式"对话框进行设置，在"格式"选项卡下的"艺术字样式"组中单击右下角的对话框启动器按钮，打开"设置文本效果格式"对话框，选择"文本填充"选项卡，对艺术字进行设置，如图5-40所示。

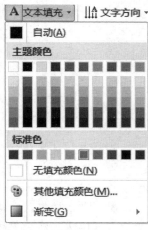

图5-39

- 文本轮廓：在"格式"选项卡下的"艺术字样式"组中单击"文本轮廓"下拉按钮，在弹出的下拉列表中可以更改艺术字边框的颜色、线条样式、线条粗细等，如图5-41所示。

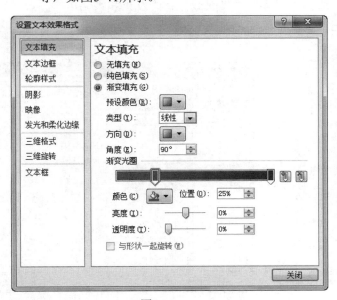

图5-40

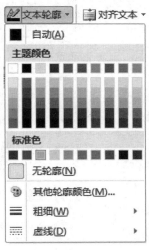

图5-41

也可以使用"设置文本效果格式"对话框进行设置，在"格式"选项卡下的"艺术字样式"组中单击右下角的对话框启动器按钮，打开"设置文本效果格式"对话框，选择"轮廓样式"选项卡，对艺术字进行设置，如图5-42所示。

图5-42

● 文本效果：在"格式"选项卡下的"艺术字样式"组中单击"文本效果"下拉按钮，在弹出的下拉列表中可以为艺术字设置阴影、映像、发光、棱台、三维旋转等效果，还可以将艺术字转换为其他形状，如图5-43所示。

也可以使用"设置文本效果格式"对话框进行设置，在"格式"选项卡下的"艺术字样式"组中单击右下角的对话框启动器按钮，打开"设置文本效果格式"对话框，选择"阴影"、"映像"、"发光和柔化边缘"、"三维旋转"选项卡，对艺术字进行设置，如图5-44所示。

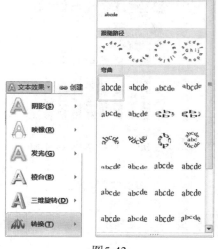

图5-43

图5-44

- 三维格式：在"格式"选项卡下的"艺术字样式"组中单击右下角的对话框启动器按钮🔲，打开"设置文本效果格式"对话框，选择"三维格式"选项卡，对艺术字进行设置，如图5-45所示。
- 环绕方式：在"格式"选项卡下的"排列"组中单击"自动换行"下拉按钮，在其下拉列表中为艺术字选择版式，更改其周围的文字环绕方式，如图5-46所示。

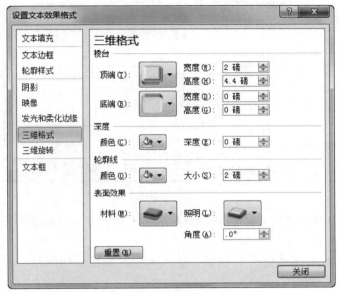

图5-45

图5-46

5.4　样题解答

 随书光盘中提供了本样题的操作视频。

执行"文件"→"打开"命令，在"查找范围"文本框中找到指定路径，选择A5.docx文件，单击"打开"按钮。

1．页面设置

第1步：将光标定位在文档中的任意位置，单击"页面布局"选项卡下"页面设置"组右下角的"对话框启动器"按钮🔲，弹出"页面设置"对话框。在"纸张"选项卡下"纸张大小"区域的"宽度"文本框中选择或输入"20厘米"，在"高度"文本框中选择或输入"25厘米"，如图5-47所示。

第2步：单击"页边距"选项卡，在"上"、"下"文本框中选择或输入"1.8厘米"，在"左"、"右"文本框中选择或输入"2厘米"，如图5-48所示，单击"确定"按钮。

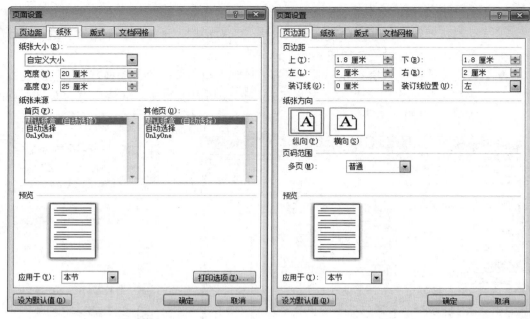

图5-47   图5-48

第3步：将光标定位在文档中的任意位置，单击"插入"选项卡下"页眉和页脚"组中的"页眉"按钮，如图5-49所示。

第4步：在打开的下拉列表中执行"空白"命令，进入页眉，如图5-50所示。在"页眉"处的左端输入文本"散文欣赏"。

图5-49

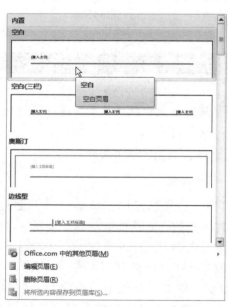

图5-50

第5步：在"页眉"处的右端双击使光标定位于右端，输入文本"第页"，将光标定位在文本"第"和"页"中间，如图5-51所示。

散文欣赏　　　　　　　　　　　　　　　　　　　　　　　　　　　　　　**第页**

图5-51

第6步：在"页眉和页脚工具"的"设计"选项卡中，单击"页眉和页脚"组中的"页码"按钮，在下拉列表中选择"当前位置"选项下的"普通数字"，系统自动插入相应的页码，如图5-52所示。单击"关闭页眉和页脚"按钮。

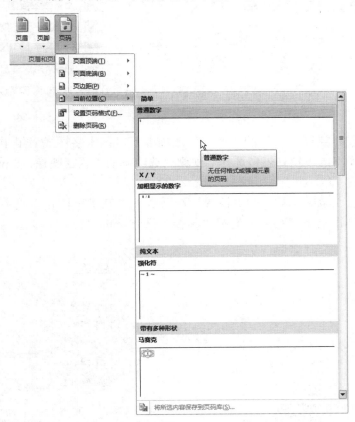

图5-52

2．艺术字设置

第7步：选中文档的标题"画鸟的猎人"，单击"插入"选项卡下"文本"组中的"艺术字"按钮。在弹出的库中选择"填充 - 橙色，强调文字颜色6，暖色粗糙棱台"，如图5-53所示。

第8步：选中新插入的艺术字，在"开始"选项卡下"字体"组的"字体"下拉列表中选择"华文行楷"，在"字号"文本框中输入"44"磅。

第9步：在"绘图工具"的"格式"选项卡下"排列"组中单击"自动换行"下拉按钮，从弹出的列表中选择"嵌入型"，如图5-54所示。

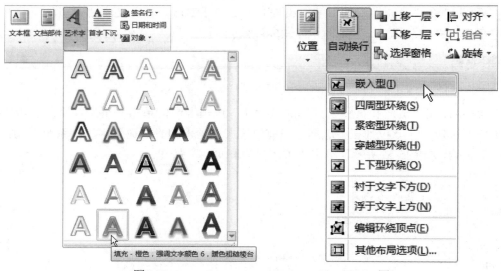

图5-53   图5-54

第10步：在"绘图工具"的"格式"选项卡下"艺术字样式"组中单击"文本效果"按钮，在弹出的下拉列表中选择"映像"选项下的"紧密映像，8 pt偏移量"，如图5-55所示。

第11步：在"绘图工具"的"格式"选项卡下"艺术字样式"组中单击"文本效果"按钮，在弹出的下拉列表中选择"转换"选项下的"停止"文本效果，如图5-56所示。

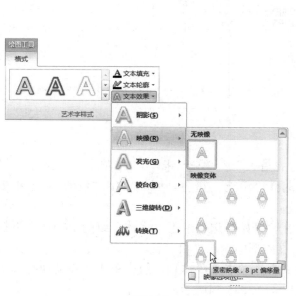

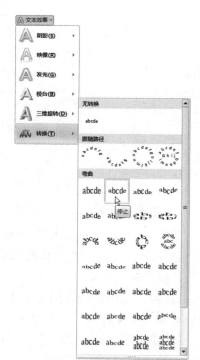

图5-55   图5-56

3．分栏设置

第12步：在文档中选中正文除第1段以外的其余各段，单击"页面布局"选项卡下"页面设置"组中的"分栏"按钮，在弹出的下拉列表中执行"更多分栏"命令，如图5-57所示。

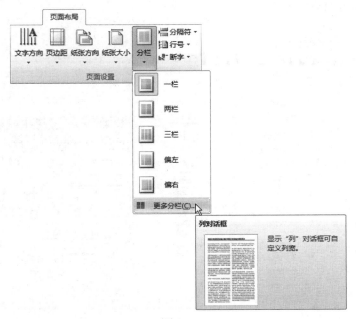

图5-57

第13步：打开"分栏"对话框，在"预设"区域中单击"两栏"格式，勾选"分隔线"复选框，在"宽度和间距"区域中的"间距"文本框中选择或输入"3字符"，如图5-58所示，单击"确定"按钮。

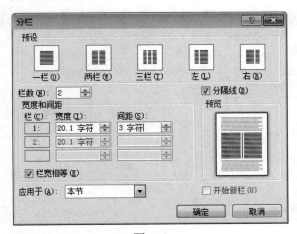

图5-58

4．设置边框和底纹

第14步：在文档中选中正文最后一段，在"开始"选项卡下的"段落"组中单击

"边框线"下拉按钮 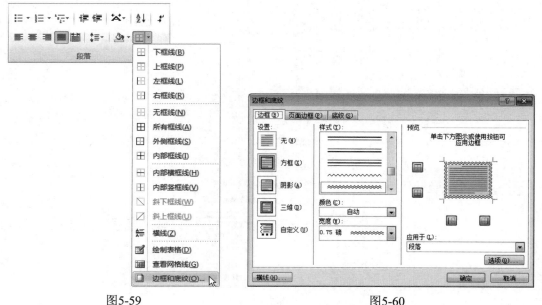，在弹出的下拉列表中执行"边框和底纹"命令，如图5-59所示。

第15步：打开"边框和底纹"对话框的"边框"选项卡，在"设置"区域选择"方框"按钮，在"样式"列表中选择"双波浪线"，在"应用于"下拉列表中选择"段落"选项，如图5-60所示。

图5-59   图5-60

第16步：选择"底纹"选项卡，在"图案"区域的"样式"下拉列表中选择"10%"，在"应用于"下拉列表中选择"段落"选项，如图5-61所示，单击"确定"按钮。

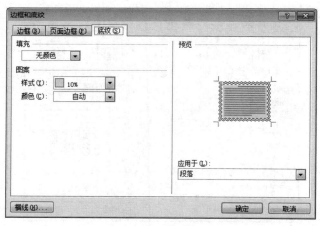

图5-61

5. 插入图片

第17步：将光标定位在样文所示位置，单击"插入"选项卡下的"图片"按钮，如

图5-62所示。

第18步：打开"插入图片"对话框，在指定路径C:\2010KSW\DATA2文件夹中选择pic5-1.jpg，单击"插入"按钮，如图5-63所示。

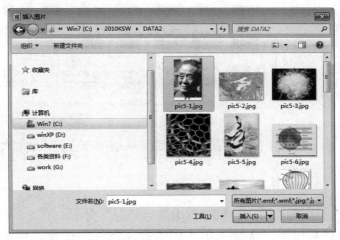

图5-62　　　　　　　　　　　　　　　　　　图5-63

第19步：单击选中插入的图片，选择"图片工具"下的"格式"选项卡，单击"大小"组右下角的"对话框启动器"按钮，如图5-64所示。

第20步：打开"布局"对话框，选择"大小"选项卡，在"缩放"区域中"高度"和"宽度"文本框中选择或输入"45%"，如图5-65所示，单击"确定"按钮。

第21步：选择"图片工具"下的"格式"选项卡，在"排列"组中单击"自动换行"下拉按钮，在弹出的下拉列表中选择"紧密型环绕"，如图5-66所示。

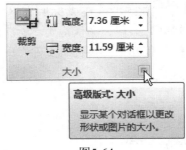

图5-64

图5-65

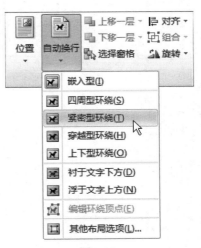

图5-66

第22步：选择"图片工具"下的"格式"选项卡，在"图片样式"组中单击"其他"按钮，在弹出的库中选择"剪裁对角线，白色"外观样式，如图5-67所示。

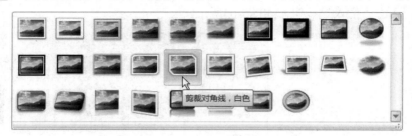

剪裁对角线，白色

图5-67

第23步：利用鼠标拖动图片移动图片位置，使其位于样文所示位置。

6．插入尾注

第24步：选择第2行中的"艾青"文本，单击"引用"选项卡下"脚注"组中的"插入尾注"按钮，如图5-68所示。

第25步：在光标所在区域内输入内容"艾青（1910-1996）：现、当代诗人，浙江金华人。"

第26步：执行"文件"→"保存"命令。

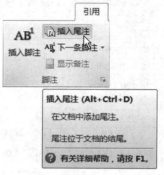

图5-68

第六章　电子表格的基本操作

在创建工作表并输入基本的数据后，为了使工作表中的数据便于阅读并使工作表更加美观，可以对工作表进行设置。

本章主要内容
- 工作表的基本操作
- 表格的插入设置
- 图表的使用

评分细则

本章有9个评分点，每题16分。

序号	评分点	分值	得分条件	判分要求
1	设置工作表行、列	2	正确插入、删除、移动行（列）、正确设置行高列宽	录入内容可有个别错漏
2	重命名、复制、删除、移动工作表	2	按要求正确进行操作	每错一处扣1分，直至扣完为止
3	设置工作表标签颜色	1	正确设置工作表标签颜色	颜色错误不得分
4	设置单元格格式	2	正确设置单元格格式	必须全部符合要求，有一处错漏则不得分
5	设置表格边框线和底纹	2	正确设置表格边框线和底纹	与样文相符，不做严格要求
6	插入批注	1	附注准确、完整	录入内容可有个别错漏
7	插入公式、图片或SmartArt图形	2	符号、字母准确，完整图片或SmartArt图形大小、位置、外观样式正确	大小、间距和级次不要求精确程度不作严格要求
8	建立图表	2	引用数据、图表样式正确	图表细节不作严格要求
9	打印设置	2	插入分页符的位置正确，设置的打印标题区域正确	可在打印预览中判别

本章导读

综上所述，我们明确了本章所要求掌握的技能考核点以及对应《试题汇编》单元的评分点、分值和判分要求等。下面先在"样题示范"中展示《试题汇编》中的一道真题，然后详细讲解本章中涉及到的知识点和技能考核点，最后通过"样题解答"来讲解这道真题的详细操作步骤。

6.1 样题示范

【练习目的】

从《试题汇编》中选取样题，了解本章题目类型，掌握本章重点技能点。

【样题来源】

《试题汇编》第六单元6.1题（随书光盘中提供了本样题的操作视频）。

【操作要求】

在Excel 2010中打开文件A6.xlsx，并按下列要求进行操作。

一、设置工作表及表格，结果如【样文6-1A】所示

1．工作表的基本操作：

- 将Sheet1工作表中的所有内容复制到Sheet2工作表中，并将Sheet2工作表重命名为"销售情况表"，将此工作表标签的颜色设置为标准色中的"橙色"。
- 在"销售情况表"工作表中，将标题行下方插入一空行，并设置行高为10；将"郑州"一行移至"商丘"一行的上方；删除第G列（空列）。

2．单元格格式的设置：

- 在"销售情况表"工作表中，将单元格区域B2:G3合并后居中，字体设置为华文仿宋、20磅、加粗，并为标题行填充天蓝色（RGB：146，205，220）底纹。
- 将单元格区域B4:G4的字体设置为华文行楷、14磅、白色，文本对齐方式为居中，为其填充红色（RGB：200，100，100）底纹。
- 将单元格区域B5:G10的字体设置为华文细黑、12磅，文本对齐方式为居中，为其填充玫瑰红色（RGB：230，175，175）底纹；并将其外边框设置为粗实线，内部框线设置为虚线，颜色均为深红色。

3．表格的插入设置：

- 在"销售情况表"工作表中，为"0"（C7）单元格插入批注"该季度没有进入市场"。
- 在"销售情况表"工作表中表格的下方建立如【样文6-1A】下方所示的"常用根式"公式，并为其应用"强烈效果 - 蓝色，强调颜色1"的形状样式。

二、建立图表，结果如【样文6-1B】所示

- 使用"销售情况表"工作表中的相关数据在Sheet3工作表中创建一个三维簇状柱形图。
- 按【样文6-1B】所示为图表添加图表标题及坐标标题。

三、工作表的打印设置

- 在"销售情况表"工作表第8行的上方插入分页符。
- 设置表格的标题行为顶端打印标题，打印区域为单元格区域A1:G16，设置完

成后进行打印预览。

【样文6-1A】

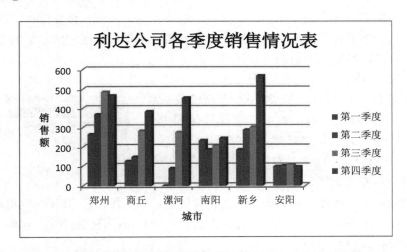

利达公司2010年度各地市销售情况表（万元）					
城市	第一季度	第二季度	第三季度	第四季度	合计
郑州	266	368	486	468	1588
商丘	126	148	283	384	941
漯河	0	88	276	456	820
南阳	234	186	208	246	874
新乡	186	288	302	568	1344
安阳	98	102	108	96	404

$$\frac{-b \pm \sqrt{b^2 - 4ac}}{2a}$$

【样文6-1B】

利达公司各季度销售情况表

6.2 工作表的基本操作

6.2.1 设置工作表行和列

工作表是显示在工作簿窗口中的表格。Excel 2010默认一个工作簿有3个工作表，可以根据需要添加工作表。每个工作表有一个名字，工作表名显示在工作表标签上。工作表标签显示了系统默认的前3个工作表名：Sheet1、Sheet2、Sheet3。其中白色的工作表标签表示活动工作表。单击某个工作表标签，可以选择该工作表为活动工作表。

1．选择单元格、区域、行或列

要想设置工作表，首先要掌握选择单元格、区域、行或列的方法。

（1）选择单元格或单元格区域。

● 选择一个单元格，可单击该单元格或按方向键移至该单元格。

● 选择单元格区域，可单击该区域中的第一个单元格，然后拖至最后一个单元格，或者在按住Shift键的同时按方向键以扩展选定区域。也可以选择该区域中的第一个单元格，然后按F8键，使用方向键扩展选定区域。要停止扩展选定区域，再次按F8键。

"全选"按钮

图6-1

● 选择工作表中的所有单元格，可单击"全选"按钮，如图6-1所示。要选择整个工作表，还可以按Ctrl+A组合键。如果工作表包含数据，按Ctrl+A组合键可选择当前区域。按住Ctrl+A组合键一秒钟可选择整个工作表。

● 选择不相邻的单元格或单元格区域，需先选择第一个单元格或单元格区域，然后在按住Ctrl键的同时选择其他单元格或区域。也可以选择第一个单元格或单元格区域，然后按Shift+F8组合键将另一个不相邻的单元格或区域添加到选定区域中。要停止向选定区域中添加单元格或区域，需再次按Shift+F8组合键。

● 如果需要增加或减少活动选定区域中的单元格，只要在按住Shift键的同时单击要包含在新选定区域中的最后一个单元格。活动单元格和所单击的单元格之间的矩形区域将成为新的选定区域。

（2）选择行或列。

● 选择整行或整列，只需单击行标题或列标题，如图6-2所示。也可以选择行或列中的单元格，方法是选择第一个单元格，然后按Ctrl+Shift+方向键（对于行，使用向右方向键或向左方向键。对于列，则使用向上方向键或向下方向键）。如果行或列包含数据，那么按Ctrl+Shift+方向键可选择到行或列中最后一个已使用单元格之前的部分。按Ctrl+Shift+方向键一秒钟可选择整行或整列。

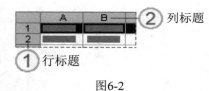

列标题
行标题

图6-2

● 选择相邻行或列，只需在行标题或列标题间拖拽鼠标。或者选择第一行或第一列，然后在按住Shift键的同时选择最后一行或最后一列。

● 选择不相邻的行或列，需要单击选定区域中第一行的行标题或第一列的列标题，然后在按住Ctrl键的同时单击要添加到选定区域中的其他行的行标题或其他列的列标题。

2．合并与拆分单元格

在Excel 2010中，可以合并两个或多个相邻的水平或垂直单元格，这些单元格就成为一个跨多列或多行显示的大单元格。其中一个单元格的内容出现在合并的单元格的中心，如图6-3所示。当然，也可以将合并的单元格重新拆分成多个单元格，但是不能拆分未合并过的单元格。

（1）合并相邻单元格。

选择两个或更多要合并的相邻单元格，在"开始"选项卡的"对齐方式"组中，单击"合并后居中"按钮。这些单元格将在一个行或列中合并，并且单元格内容将在合并单元格中居中显示。要合并单元格而不居中显示内容，则单击"合并后居中"右侧的下拉按钮，然后执行"跨越合并"或"合并单元格"命令，如图6-4所示。

图6-3　　　　　　　　　　　　　图6-4

提示：需确保在合并单元格中显示的数据位于所选区域的左上角单元格中，只有左上角单元格中的数据会保留在合并的单元格中，所选区域中所有其他单元格中的数据都将被删除。

（2）拆分合并的单元格。

要拆分合并的单元格，首先要选择合并的单元格。此时，"合并后居中"按钮在"开始"选项卡下的"对齐方式"组中也显示为选中状态，如图6-5所示。单击"合并后居中"按钮，合并单元格的内容将出现在拆分单元格区域左上角的单元格中。

图6-5

3．插入单元格、行或列

可以在工作表中活动单元格的上方或左侧插入空白单元格，同时将同一列中的其他单元格下移或将同一行中的其他单元格右移。同样，也可以在一行的上方插入多行和在一列的左边插入多列，还可以删除单元格、行和列。

（1）插入单元格。

选取要插入的单元格，选取的单元格数量应与要插入的单元格数量相同。例如，要插入5个空白单元格，需要选取5个单元格。在"开始"选项卡下的"单元格"组中，单击"插入"下拉按钮，在其下拉列表中执行"插入单元格"命令。在打开的"插入"对话框中，选取周围单元格移动的方向，如图6-6所示。

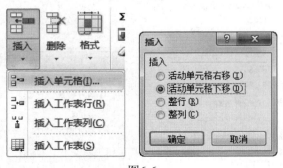

图6-6

（2）插入行或列。

要在工作表中插入行，需先执行下列操作之一：

- 要插入一行，则选择要在其上方插入新行的行或该行中的一个单元格。例如，要在第5行上方插入一个新行，则单击第5行中的一个单元格。
- 要插入多行，则选择要在其上方插入新行的那些行。所选的行数应与要插入的行数相同。例如，要插入3个新行，需要选择3行。
- 要插入不相邻的行，可在按住Ctrl键的同时选择不相邻的行。

在"开始"选项卡下的"单元格"组中，单击"插入"下拉按钮，在其下拉列表中执行"插入工作表行"命令。

插入列的方法和插入行的方法是相同的。

4．移动、复制、删除行和列

（1）移动或复制行和列。

选择要移动或复制的行或列，在"开始"选项卡下的"剪贴板"组中，单击"剪切"按钮 ✂ 或"复制"按钮 📋。然后右击将所选内容移动或复制到所选位置下方或右侧的行或列，执行"插入已剪切的单元格"或"插入复制的单元格"命令，如图6-7所示。

提示：如果单击"开始"选项卡下的"剪贴板"组中的"粘贴"按钮 📋 或按Ctrl+V组合键，而不是单击快捷菜单上的命令，则替换目标单元格中的现有内容。

（2）删除单元格、行或列。

选择要删除的单元格、行或列，在"开始"选项卡下的"单元格"组中，执行下列操作之一：

- 要删除所选的单元格，单击"删除"下拉按钮，在其下拉列表中执行"删除单元格"命令，在弹出的"删除"对话框中，选择"右侧单元格左移"、"下方单元格上移"、"整行"或"整列"选项，如图6-8所示。

图6-7   图6-8

● 要删除所选的行，单击"删除"下拉按钮，然后执行"删除工作表行"命令。
● 要删除所选的列，单击"删除"下拉按钮，然后执行"删除工作表列"命令。
删除行或列，其他的行或列会自动上移或左移。

提示：按Delete键只删除所选单元格的内容，而不会删除单元格本身。

5．调整行高和列宽

（1）调整行高。

要将行设置为指定高度，首先选择要更改的行，在"开始"选项卡下的"单元格"组中，单击"格式"下拉按钮。在其下拉列表中"单元格大小"下执行"行高"命令，弹出"行高"对话框。在"行高"文本框中输入所需的值，如图6-9所示。

也可以使用鼠标更改行高，若要更改某一行的行高，则拖拽行标题下面的边界，直到达到所需行高。若要更改多行的行高，首先选择要更改的行，然后拖拽所选行任一标题下面的边界。

（2）调整列宽。

要将列设置为特定宽度，首先选择要更改的列，在"开始"选项卡下的"单元格"组中，单击"格式"下拉按钮。在其下拉列表中"单元格大小"下执行"列宽"命令，弹出"列宽"对话框。在"列宽"文本框中输入所需的值，如图6-10所示。

图6-9

图6-10

也可以使用鼠标更改列宽，若要更改某一列的宽度，只需拖拽列标题的右侧边界，直到达到所需列宽。若要更改多列的宽度，首先选择要更改的列，然后拖拽所选列标题的右侧边界。

6.2.2 设置单元格格式

在Excel 2010中，为了美化工作表，提高工作表的可阅读性，可以对工作表中的数据进行字体格式设置，例如设置字体、字号、字形等基本格式，以及单元格边框、底纹、对齐方式等效果。

1．设置字体格式

Excel 2010默认的字体为宋体、11号、黑色。设置文本的字体包括设置文本的字体、字号、字形以及字体颜色等。设置字体的方法有3种：通过"字体"组设置、通过"设置单元格格式"对话框设置、通过浮动工具栏设置。

（1）通过"字体"组设置字体。

在Excel 2010中，选择要设置格式的单元格、单元格区域、文本或字符，在"开始"选项卡"字体"组中汇集了设置字体格式的各种命令，如图6-11所示。

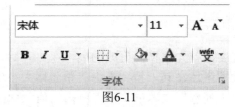

图6-11

（2）通过"设置单元格格式"对话框设置字体。

在Excel 2010中，选择要设置格式的单元格、单元格区域、文本或字符，单击"开始"选项卡中的"字体"组右下角的对话框启动器按钮 ，弹出"设置单元格格式"对话框，在"字体"选项卡下对字体进行设置，如图6-12所示。

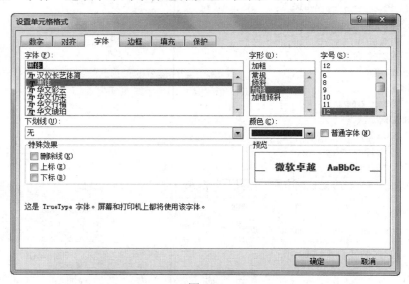

图6-12

（3）通过浮动工具栏设置字体。

在Excel 2010中，右击要设置格式的单元格、单元格区域、文本或字符，在页面中会浮现出"字体"设置的浮动工具栏，如图6-13所示。在该工具栏中也可以对字体进行相应的设置，各选项按钮的作用与"字体"组中各选项是相同的。

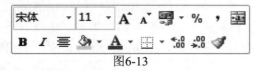

图6-13

2．设置边框和底纹

（1）设置边框。

选择要为其添加边框的单元格或单元格区域，在"开始"选项卡下的"字体"组中单击"框线"下拉按钮 ⊞ ▾，可以在弹出的下拉列表中选择所需要的边框选项，如图6-14所示。

也可以在弹出的下拉列表中执行"其他边框"命令，打开"设置单元格格式"对话框，在"边框"选项卡下对各选项进行设置。在"样式"和"颜色"选项区域，选择所需的线条样式和颜色。在"预置"和"边框"选项区域，单击一个或多个按钮以指明边框位置，如图6-15所示。

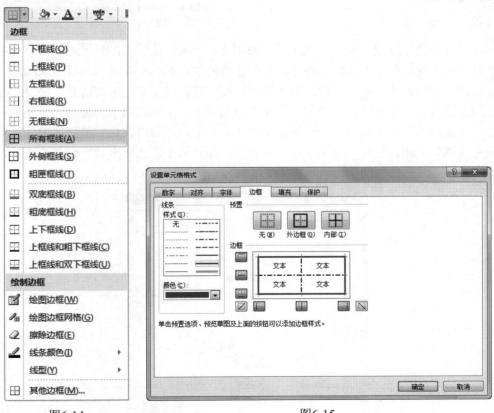

图6-14　　　　　　　　　　　　　　图6-15

在工作表中，要删除单元格或单元格区域的边框，可以在"开始"选项卡的"字体"组中，单击"边框"下拉按钮，然后执行"无框线"命令。

（2）设置底纹。

要为单元格或单元格区域设置底纹，只需在"开始"选项卡下的"字体"组中单击"底纹"下拉按钮 ，在弹出的下拉列表中选择所要填充的颜色，如图6-16所示。

也可以在"设置单元格格式"对话框中的"填充"选项卡下进行设置。在该选项卡中可以对底纹的填充颜色、图案样式、图案颜色进行设置，如图6-17所示。

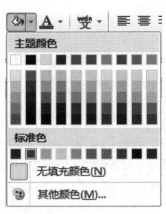

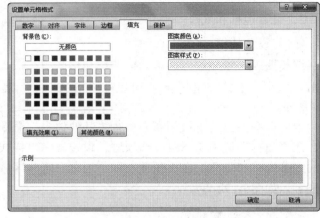

图6-16　　　　　　　　　　　　　　　　　　　图6-17

在"背景色"选项区域中，选择所需的颜色。如果调色板上的颜色无法满足需求，则可以单击"其他颜色"按钮。还可以在颜色模式中选择一种模式，然后输入RGB（红色、绿色和蓝色）或HSL（色调、饱和度和亮度）数字，使其与所需的颜色底纹完全一致。若要使用包含两种颜色的图案，可在"图案颜色"下拉列表中选择另一种颜色，然后在"图案样式"文本框中选择一种图案样式。若要使用具有特殊效果的图案，可单击"填充效果"按钮。打开"填充效果"对话框，在"渐变"选项卡设置所需的选项，如图6-18所示。

图6-18

在工作表中，要删除单元格或单元格区域的底纹，可以在"开始"选项卡下的"字体"组中，单击"填充颜色"下拉按钮 ，然后执行"无填充颜色"命令。

3．设置对齐方式

所谓对齐，就是指单元格中的数据在显示时相对单元格上、下、左、右的位置。默认情况下，输入的文本在单元格内左对齐、数字右对齐、逻辑值和错误值居中对齐。

要更改单元格中的文本对齐方式，首先选择该单元格，然后在"开始"选项卡下的"对齐方式"组中，根据需要单击任一对齐方式按钮，如图6-19所示。

图6-19

也可以单击"开始"选项卡下的"对齐方式"组右下角的对话框启动器按钮 ，弹出"设置单元格格式"对话框，在"对齐"选项卡下可以对文本的水平对齐、垂直对齐、文字方向等进行设置。如果希望文本在单元格内以多行显示，可以选中"自动换行"复选框，如图6-20所示。

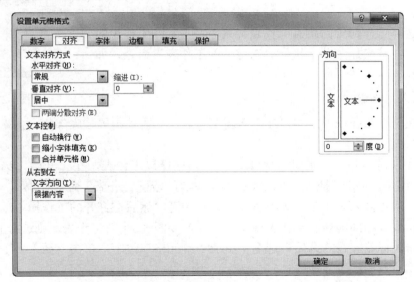

图6-20

在Excel中用于存储和处理数据的主要文档叫做工作表，也称为电子表格。工作表由排列成行或列的单元格组成，工作表总是存储在工作簿中。默认情况下，Excel 2010在一个工作簿中提供3个工作表，也可以根据需要插入其他工作表或删除它们。工作表的名称（或标题）出现在屏幕底部的工作表标签上。默认情况下，名称是Sheet1、Sheet2等，也可以为任何工作表指定一个更恰当的名称。

1．选择工作表

通过单击窗口底部的工作表标签，可以快速选择不同的工作表。如果要同时在几个工作表中输入或编辑数据，可以通过选择多个工作表组合工作表。还可以同时对选中的多个工作表进行格式设置或打印。

选择一张工作表，只需单击该工作表的标签，如图6-21所示。

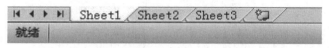

图6-21

如果看不到所需标签，请单击标签滚动按钮 $\boxed{\text{K} \triangleleft \triangleright \text{N}}$ 以显示所需标签，然后单击该标签。

若要选择两张或多张相邻的工作表，首先要单击第一张工作表的标签，然后在按住Shift键的同时单击要选择的最后一张工作表的标签。

若要选择两张或多张不相邻的工作表，首先单击第一张工作表的标签，然后在按住Ctrl键的同时单击要选择的其他工作表的标签。

若要选择工作簿中的所有工作表，只需右击某一工作表的标签，然后在其快捷菜单上执行"选定全部工作表"命令，如图6-22所示。

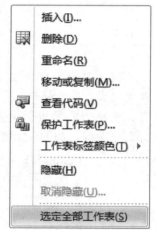

图6-22

2．插入工作表

若要在现有工作表的末尾快速插入新工作表，只需单击屏幕底部的"插入工作表"按钮 $\boxed{\text{ }}$ 。

若要在现有工作表之前插入新工作表，先选择该工作表，在"开始"选项卡下的"单元格"组中，单击"插入"下拉按钮，然后执行"插入工作表"命令即可。

若要一次性插入多个工作表，需要按住Shift键，然后在打开的工作簿中选择与要插入的工作表数目相同的现有工作表标签。例如，要添加3个新工作表，则选择3个现有工作表的工作表标签。在"开始"选项卡下的"单元格"组中，单击"插入"下拉按钮，然后执行"插入工作表"命令。

3．重命名工作表

在"工作表标签"栏上，右击要重命名的工作表标签，在其快捷菜单中执行"重命名"命令。然后选中当前的名称，输入新名称。

在要重命名的工作表标签上双击，也可以对工作表进行重命名。

设置后的工作表标签还可以设置标签颜色。在"工作表标签"栏上，右击要设置颜色的工作表标签，然后在"工作表标签颜色"的列表中选择所需的颜色。

4. 隐藏和取消隐藏工作表

如果不想被人查看某些工作表，可以使用Excel 2010的隐藏工作表功能。当一个工作表被隐藏时，它的标签也同时被隐藏。

要隐藏工作表，首先选择该工作表，在"开始"选项卡下的"单元格"组中，单击"格式"下拉按钮。在其下拉列表中执行"可见性"下的"隐藏/取消隐藏"下拉列表中的"隐藏工作表"命令，如图6-23所示。

图6-23

如果要显示隐藏的工作表，只要在"开始"选项卡下的"单元格"组中，单击"格式"下拉按钮。在其下拉列表中执行"可见性"下的"隐藏/取消隐藏"下拉列表中的"取消隐藏工作表"命令，在弹出的"取消隐藏"对话框中，选中要显示的已隐藏工作表的名称，单击"确定"按钮，如图6-24所示。

图6-24

 提示：每次只能取消隐藏一个工作表。

5. 移动或复制工作表

工作表可以在同一工作簿中移动或复制，也可以在不同的工作簿中移动或复制。

最简单的方法就是选中一个工作表标签，在该工作表标签上按住鼠标左键，在工作表标签间移动指针到所需位置，松开鼠标即可。按住鼠标左键不放时，指针位置会出现一个"白板"图标，且在该工作表标签的左上方出现一个黑色的倒三角标志，如图6-25所示。

图6-25

如果是复制操作，则需要在拖拽时按住Ctrl键。

6．删除工作表

选择要删除的工作表，在"开始"选项卡下的"单元格"组中，单击"删除"下拉按钮，在其下拉列表中执行"删除工作表"命令。

或者右击要删除的工作表的工作表标签，然后执行"删除"命令。

6.2.4 打印工作表

在Excel 2010中，可以打印整个或部分工作表和工作簿，一次打印一个或一次打印几个。此外，如果要打印的数据在Excel表格中，可以只打印该Excel表格。在打印工作表之前对工作表的格式和页面布局进行调整，或者采取措施避免常见的打印问题，可以节省时间和纸张。

1．页面设置

打印大量数据或多个图表的工作表之前，可以在"页面布局"视图中快速对其进行设置，以获得专业的外观效果。如同在"普通"视图中一样，可以更改数据的布局和格式。但除此之外，还可以使用标尺测量数据的宽度和高度，更改页面方向，添加或更改页眉和页脚，设置打印边距，隐藏或显示网格线、行标题和列标题以及指定缩放选项。当在"页面布局"视图中完成工作后，可以返回至"普通"视图。

（1）使用标尺。

在"页面布局"视图中，Excel提供了一个水平标尺和一个垂直标尺，可以精确测量单元格、区域、对象和页边距。标尺可以帮助定位对象，并直接在工作表上查看或编辑页边距。

默认情况下，标尺显示"控制面板"的区域设置中指定的默认单位，但是可以将单位更改为英寸、厘米或毫米。选定要更改的工作表，在"视图"选项卡下的"工作簿视图"组中，单击"页面布局"按钮，如图6-26所示。

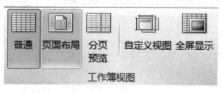

图6-26

然后单击"文件"选项卡，在弹出的下拉列表中执行"选项"命令，如图6-27所示。

在打开的"Excel 选项"对话框的"高级"选项卡下就可以选择要在"标尺单位"列表中使用的单位，如图6-28所示。

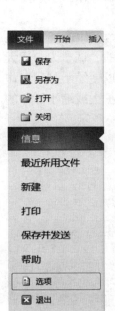

图6-27　　　　　　　　　　　　　图6-28

"页面布局"默认情况下显示标尺。也可以隐藏标尺，只需在"视图"选项卡的"显示/隐藏"组中，取消选中"标尺"复选框以隐藏标尺，如图6-29所示。

图6-29

（2）页面设置。

为了使工作表具有良好的打印效果，可以根据实际需要对工作表进行相应的页面设置。页面设置主要包括设置工作表的纸张方向、纸张大小、缩放比例等，如图6-30所示。

图6-30

- 纸张方向：选择要更改的工作表，在"视图"选项卡下的"工作簿视图"组中，单击"页面布局"按钮。然后在"页面布局"选项卡下的"页面设置"组中，单击"纸张方向"下拉按钮，然后在弹出的下拉列表中选择"纵向"或"横向"选项，如图6-31所示。
- 纸张大小：选择要更改的工作表，在"视图"选项卡下的"工作簿视图"组中，单击"页面布局"按钮。然后在"页面布局"选

图6-31

项卡下的"页面设置"组中，单击"纸张大小"下拉按钮，在弹出的下拉列表中选择所需要的纸张，如图6-32所示。

● 缩放比例：选择要更改的工作表，在"视图"选项卡下的"工作簿视图"组中，单击"页面布局"按钮。然后在"页面布局"选项卡下的"调整为合适大小"组中，在"宽度"和"高度"列表中选择所需的页数，以便缩小打印工作表的宽度和高度以容纳最多的页面。要按实际大小的百分比扩大或缩小打印的工作表，可在"缩放比例"框中选择所需的百分比，如图6-33所示。

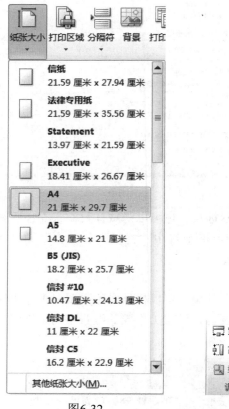

图6-32   图6-33

提示：要将打印的工作表缩放为其实际大小的一个百分比，最大宽度和高度必须设置为"自动"。

还可以通过"页面设置"对话框设置工作表的纸张方向、纸张大小、缩放比例等。只需在"页面布局"选项卡下单击"页面设置"组右下方的对话框启动器按钮，弹出"页面设置"对话框，在"页面"选项卡中即可设置，如图6-34所示。

（3）设置页边距。

页边距是工作表数据与打印页面边缘之间的空白，可以根据自己的需要进行相应的设置。在页边距的可打印区域中，可以插入文字和图形，也可以将某些项放在页边距中，如页眉、页脚和页码。

要设置工作表的页边距，首先选择要设置的工作表，在"视图"选项卡下的"工作簿视图"组中，单击"页面布局"按钮。然后在"页面布局"选项卡下的"页面设置"组中，单击"页边距"下拉按钮，在其下拉列表中可以选择"普通"、"窄"或"宽"选项，如图6-35所示。

图6-34

图6-35

如果这三种选择不能满足需要的话，可以执行"自定义边距"命令，打开"页面设置"对话框，然后在"页边距"选项卡中设置所需的边距大小，如图6-36所示。

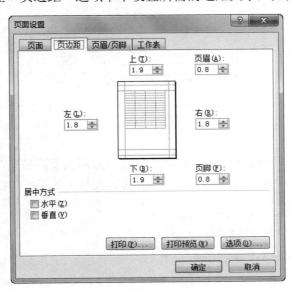

图6-36

还可以使用鼠标来更改页边距，具体操作方法如下：

● 要更改上边距或下边距，则在标尺中单击边距区域的上边框或下边框。当出现一个垂直双向箭头时，将边距拖至所需大小。

● 要更改右边距或左边距，则在标尺中单击边距区域的右边框或左边框。当出现一个水平双向箭头时，将边距拖至所需大小，如图6-37所示。

图6-37

提示：更改页边距时，页眉边距和页脚边距会自动调整。可以使用鼠标来更改页眉边距和页脚边距，在页面顶部的页眉区域或底部的页脚区域内单击，然后单击标尺，直到出现双向箭头，将边距拖至所需大小。

（4）设置页眉和页脚。

页眉和页脚分别位于打印页的顶端和底端，用来打印页号、表格名称、作者名称或时间等，设置的页眉和页脚不显示在普通视图中，只有在"页面布局"视图中可以看到，在打印时能被打印出来。

● 添加页眉和页脚：选择要设置的工作表，在"视图"选项卡下的"工作簿视图"组中，单击"页面视图"按钮。光标指向工作表页面顶端的"单击可添加页眉"区域或工作表页面底端的"单击可添加页脚"区域，然后在左、中、右页眉或页脚文本框中单击，在文本框中输入页眉或页脚文本即可。要关闭页眉或页脚，单击工作表中的任意位置或按Esc键即可。

在"普通"视图状态下，在"插入"选项卡下的"文本"组中，单击"页眉和页脚"按钮，如图6-38所示。Excel将显示"页面布局"视图，将光标放在工作表页面顶部的页眉文本框中即可输入文本。

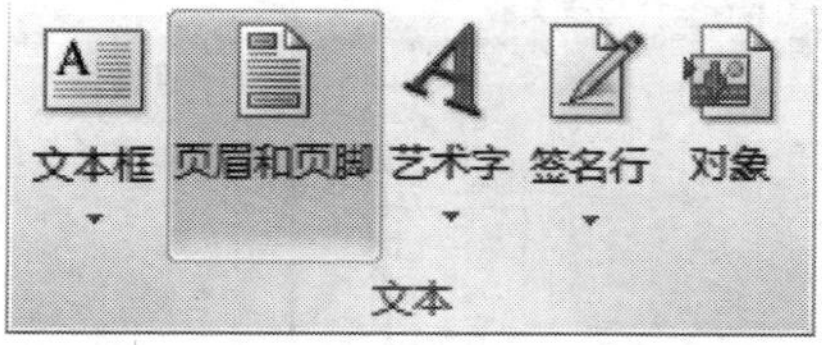

图6-38

也可以使用"页眉和页脚工具"选项卡，在页眉和页脚区域添加页码、页数、当前日期、当前时间、文件路径、文件名、工作表名、图片等元素，如图6-39所示。

图6-39

在"选项"组中，不同选项有着不同的作用：

■ 选中"奇偶页不同"复选框可指定奇数页与偶数页使用不同的页眉和页脚。

■ 选中"首页不同"复选框可从打印首页中删除页眉和页脚。

■ 选中"随文档一起缩放"复选框可指定页眉和页脚是否使用与工作表相同的字号而缩放。

■ 选中"与页边距对齐"复选框可确保页眉或页脚的边距与工作表的左右边距对齐。

● 设置页眉和页脚格式：在插入页眉和页脚后，为了使其达到更加美观的效果，还可以为其设置格式。设置页眉和页脚格式的方法与设置工作表中的普通文本相同。具体操作步骤为：选择页眉或页脚中的文本内容，切换至"开始"选项卡，为其设置所需要的字体格式。

● 删除页眉和页脚：在"页眉和页脚工具"的"设计"选项卡下的"页眉和页脚"组中，单击"页眉"或"页脚"下拉按钮，在其下拉列表中执行"无"命令，页眉或页脚即被删除，如图6-40所示。

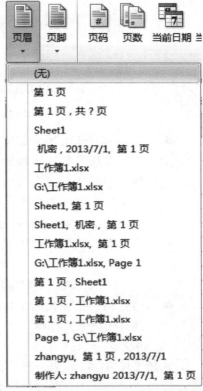

图6-40

（5）打印设置。

打印设置包括设置工作表的打印区域、打印标题、打印顺序等，通过这些选项可以很好地控制打印。

在"页面布局"选项卡下的"工作表选项"组中，"网格线"和"标题"两个选项均包含"查看"和"打印"两个复选框，如图6-41所示。

● "网格线"下的"查看"复选框，表示显示或隐藏单元格网格线。

● "网格线"下的"打印"复选框，表示在打印工作表时包括（或不包括）单元格网格线。

● "标题"下的"查看"复选框，表示显示或隐藏行号和列标。

● "标题"下的"打印"复选框，表示在打印工作表时包括（或不包括）行号和列标。

打印区域是指不需要打印整个工作表时，打印的一个或多个单元格区域。如果工作表包含打印区域，则打印时只打印该打印区域中的内容。可以根据需要添加单元格以扩展打印区域，也可以取消打印区域以重新打印整个工作表。

● 设置打印区域：在工作表上，选择要定义为打印区域的单元格。在"页面布局"选项卡下的"页面设置"组中，单击"打印区域"下拉按钮，在其下拉列表中执行"设置打印区域"命令，如图6-42所示。

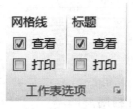

图6-41   图6-42

- 向现有打印区域添加单元格：在工作表上，选择要添加到现有打印区域的单元格。在"页面布局"选项卡下的"页面设置"组中，单击"打印区域"下拉按钮，然后在其下拉列表中执行"添加到打印区域"命令，如图6-43所示。

- 取消打印区域：单击要取消打印区域的工作表上的任意位置，在"页面布局"选项卡下的"页面设置"组中，执行"取消印区域"命令。

图6-43

- 当打印一个较长的工作表时，常常需要在每一页上都打印行或列标题。在"打印标题"中可以指定要在每个打印页重复出现的行和列。

选择要设置的工作表，在"页面布局"选项卡下的"页面设置"组中，单击"打印标题"按钮，打开"页面设置"对话框。在"工作表"选项卡下的"打印标题"区域中设置"顶端标题行"和"左端标题列"。只需单击右侧的"折叠对话框"按钮进行单元格区域引用，以确定指定的标题行，也可以直接输入作为标题行的行号或列标，如图6-44所示。

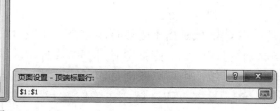

图6-44

当需要打印的工作表太大无法在一页中放下时，可以选择打印顺序。

- "先列后行"表示先打印每一页的左边部分，然后再打印右边部分。
- "先行后列"表示在打印下一页的左边部分之前，先打印本页的右边部分。

2．分页预览

虽然对于许多准备打印数据的布局任务而言，"页面布局"视图不可或缺，但仍应使用"分页预览"视图来调整分页符，使用"打印预览"视图来查看数据在打印后的外观。

（1）设置分页符。

为了便于打印，将一张工作表分隔为多页的分隔符就是分页符。Excel根据纸张的大小、页边距的设置、缩放选项和插入的任何手动分页符的位置来插入自动分页符。要打印所需的准确页数，可以使用"分页预览"视图来快速调整分页符。在此视图中，手动插入的分页符以实线显示。虚线指示Excel自动分页的位置。

"分页预览"视图对于查看做出的其他更改（如页面方向和格式更改）对自动分页的影响特别有用。例如，更改行高和列宽会影响自动分页符的位置。还可以对受当前打印机驱动程序的页边距设置影响的分页符进行更改。

- 插入分页符，首先在"视图"选项卡下的"工作簿视图"组中，单击"分页预览"按钮。要插入垂直或水平分页符，需要在要插入分页符的位置的下面或右边选中一行或一列，右击，然后在弹出的快捷菜单中执行"插入分页符"命令，如图6-45所示。

图6-45

- 移动分页符，只需将其拖拽至新的位置。移动自动分页符会将其变为手动分页符。
- 删除手动分页符，只需将其拖拽至分页预览区域之外。如果要删除所有手动分页符，则需右击工作表上的任一单元格，在其快捷菜单中执行"重设所有分页符"命令。

（2）打印预览。

选择要预览的工作表，选择"文件"选项卡，单击"打印"按钮，页面右侧就会出现预览效果，如图6-46所示。

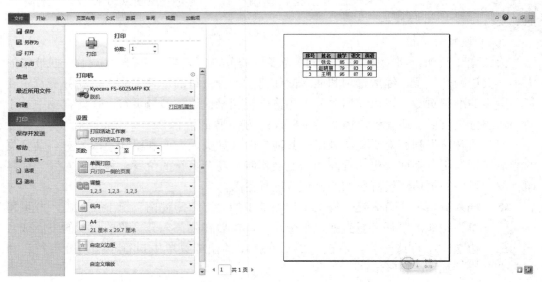

图6-46

3．打印工作表

如果对"打印预览"窗口中的效果满意，则可以打印输出。具体的操作步骤为：

（1）选择要打印的工作表，选择"文件"选项卡，然后执行"打印"命令。

（2）在"打印"区域选择打印的份数。在"打印机"区域选择要使用的打印机。在"设置"区域设置打印范围、打印方式、纸张方向、纸张大小、页边距、缩放比例等。

（3）设置完成后，单击"打印"按钮。

6.3 表格的插入设置

在Excel 2010中，为了满足对内容的不同需要，可以为工作表添加批注，还可以在工作表中插入公式、图片和SmartArt图形等。

6.3.1 插入批注

在Excel 2010中，可以通过使用批注向工作表添加注释。使用批注可为工作表中包含的数据提供更多相关信息，使工作表易于理解。例如，可以将批注作为给单独单元格内的数据提供相关信息的注释，或者可为列标题添加批注，指导用户应在该列中输入的数据，如图6-47所示。

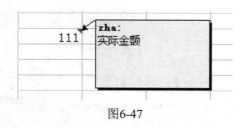

图6-47

单元格边角中出现的红色标记表示单元格附有批注。将指针放在单元格上时会显示批注。

添加批注后，可以编辑批注文本并设置其格式、移动或调整批注的大小、复制批注、显示或隐藏批注或者控制批注及其标记的显示方式。当不再需要批注时，还可以删除批注。

1．添加批注

选择要向其中添加批注的单元格，在"审阅"选项卡下的"批注"组中，单击"新建批注"按钮，如图6-48所示。一条新批注随即创建，光标移到批注中，并且单元格的边角出现一个标记。此时，可以在批注正文中输入批注文字，输入完成后在批注框外部单击，批注框消失，但批注标记仍然显示。

图6-48

要使批注一直显示，可以选择相应的单元格，在"审阅"选项卡下的"批注"组中，单击"显示/隐藏批注"按钮。

还可以右击包含批注的单元格，然后执行"显示/隐藏批注"命令。

2．编辑批注

（1）编辑批注。

在工作表中，要审阅每条批注，可在"审阅"选项卡下的"批注"组中单击"下一条"按钮或"上一条"按钮，按照顺序或相反顺序查看批注。

编辑批注，首先选择要编辑的批注单元格，在"审阅"选项卡下的"批注"组中，单击"编辑批注"按钮，双击批注中的文字，然后在批注文本框中编辑批注文字。

（2）设置批注的格式。

要设置批注文字的格式，首先选择要设置格式的批注单元格，在"审阅"选项卡下的"批注"组中，单击"编辑批注"按钮。然后选中要设置其格式的批注文字，在"开始"选项卡下的"字体"组中，选择所需的格式设置选项。

也可以右击选定内容，在其快捷菜单中执行"设置批注格式"命令，然后在"设置批注格式"对话框中选择所需的格式设置选项，如图6-49所示。

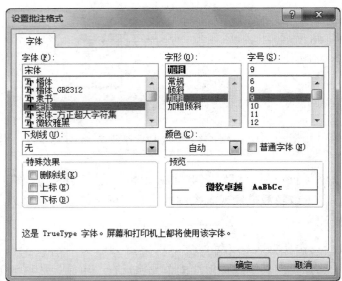

图6-49

提示："字体"组中的"填充颜色"和"字体颜色"选项不能用于批注文字。要更改文字的颜色，可以右击所选的批注文字，然后执行"设置批注格式"命令。

3．删除批注

如果要删除某个单元格的批注，首先要选定该单元格。然后在"审阅"选项卡下的"批注"组中，单击"删除"按钮。

或者在"审阅"选项卡下的"批注"组中，单击"显示/隐藏批注"按钮，显示批注，双击批注文本框，然后按Delete键。

6.3.2　插入图片

为了使工作表更加生动，可以在其中插入图片对象。在Excel 2010中不仅可以插入系统提供的图片，还可以从其他程序和位置导入图片，或者从扫描仪或数码相机中直接获取图片。

1．插入剪贴画

剪贴画图库内容非常丰富，设计精美、构思巧妙，并且能够表达不同的主题。插入剪贴画的操作步骤为：

（1）在"插入"选项卡下的"插图"组中单击"剪贴画"按钮，如图6-50所示。

（2）此时在窗口右侧打开"剪贴画"边栏，在"搜索文字"文本框中输入剪贴画关键字，如"人物"，再单击"搜索"按钮，此时可以看到在任务窗格中显示了多个搜索到的剪贴画，如图6-51所示。

（3）将光标定位在工作表中需要插入图片的位置，然后单击所选择的剪贴画，即可将其插入到工作表中。

图6-50   图6-51

2．插入文件中的图片

如果需要使用的图片已经保存在计算机中，那么可以执行插入文件中的图片功能，将图片插入到工作表中。这些图片文件可以是Windows的标准BMP位图，也可是其他应用程序所创建的图片，如JPEG压缩格式的图片、TIFF格式的图片等。

（1）在"插入"选项卡下的"插图"组中单击"图片"按钮。

（2）在打开的"插入图片"对话框中选择需要插入的图片，单击"插入"按钮即可将图片插入到工作表中，如图6-52所示。

图6-52

提示：如果要链接图形文件，而不是插入图片，可在"插入图片"对话框中选择要链接的图形文件，然后单击"插入"下拉按钮，在弹出的菜单中执行"链接到文件"命令即可。使用链接方式插入的图片在文档中不能被编辑。

3．编辑图片

在工作表中插入图片后，为使其达到更加美观的效果，还可以为其设置格式，如调整图片大小和位置、旋转图片、应用图片样式等。选中要编辑的图片，可自动打开"图片工具"的"格式"选项卡，如图6-53所示。

图6-53

（1）调整图片大小。

通常在默认情况下插入的图片的大小和位置并不符合工作表的实际需求，需要对其大小和位置进行调整。调整图片大小的常用操作方法如下：

方法1：选中插入的图片，此时图片四周出现8个控制点，将鼠标指针移动到这些控制点时，鼠标指针将变成"↕"、"↔"、"↖"、"↗"双向箭头形状，这时按住鼠标拖拽图片控制点，即可任意调整图片大小。

方法2：选中插入的图片，在"格式"选项卡下"大小"组中的"高度"和"宽度"文本框中可以精确设置图片的大小，如图6-54所示。

图6-54

方法3：选中插入的图片，在"格式"选项卡下"大小"组中单击右下角的对话框启动器按钮 ，打开"设置图片格式"对话框。在"大小"选项卡下"尺寸和旋转"选项区域中设置"高度"和"宽度"的值；在"缩放比例"选项区域的"高度"和"宽度"微调框中均可输入缩放比例，并选中"锁定纵横比"和"相对原始图片大小"复选框，即可实现图片的等比例缩放操作，如图6-55所示。

图6-55

（2）调整图片位置。

选中图片并将指针移至图片上方，待鼠标指针变成十字箭头✥形状时，按住鼠标进行拖拽，这时鼠标指针变为🔓形状，移动图片至合适的位置，释放鼠标即可移动图片。移动图片的同时按住Ctrl键，即可实现图片的复制操作。

（3）旋转图片。

当需要图片以一定的角度显示在文档中时，可以旋转图片。可以通过图片的旋转控制点自由旋转图片，也可以选择固定旋转的角度。旋转图片的常用操作方法如下：

方法1：自由旋转图片。如果对于工作表中图片的旋转角度没有精确要求，可以使用旋转手柄旋转图片。首先选中图片，图片的上方将出现一个绿色的旋转手柄。将鼠标指针移动到旋转手柄上，当鼠标指针呈旋转箭头的形状时，按住鼠标按顺时针或逆时针方向旋转图片即可，如图6-56所示。

图6-56

方法2：固定旋转图片。Excel 2010预设了4种图片旋转效果，即向右旋转90°、向左旋转90°、垂直翻转和水平翻转。首先选中需要旋转的图片，在"格式"选项卡下的"排列"组中单击"旋转"下拉按钮，可以在打开的下拉列表中选择"向右旋转90°"、"向左旋转90°"、"垂直翻转"或"水平翻转"效果，如图6-57所示。

图6-57

方法3：按角度值旋转图片。可以通过指定具体的数值，以便更精确地控制图片的旋转角度。首先选中需要旋转的图片，在"格式"选项卡下的"排列"组中单击"旋转"下拉按钮，在打开的下拉列表中执行"其他旋转选项"命令。在打开的"设置图片格式"对话框的"大小"选项卡下的"尺寸和旋转"区域中调整"旋转"编辑框的数值，并单击"关闭"按钮即可按指定角度值旋转图片，如图6-58所示。

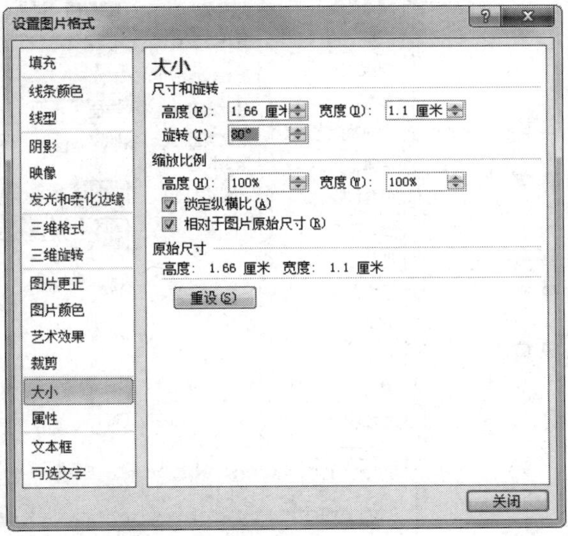

图6-58

（4）设置图片样式。

插入图片后，为了使图片更加美观，可以使用"图片工具"中的"格式"选项卡为图片设置图片样式。

选中图片后，在"格式"选项卡下的"图片样式"组中单击样式区域右下角的"其他"按钮，在弹出的库中选择所需要的样式，如图6-59所示。

图6-59

如果在样式库中没有所需要的图片样式，还可以自定义图片样式。

● 图片边框：在"格式"选项卡下的"图片样式"组中单击"图片边框"下拉按钮，在弹出的下拉列表中选择图片边框的线形、颜色和粗细，如图6-60所示。

也可以使用"设置图片格式"对话框进行设置，在"格式"选项卡下的"图片样式"组中单击右下角的对话框启动器按钮，打开"设置图片格式"对话框，选择"线条颜色"和"线型"选项卡，对图片进行设置，如图6-61所示。

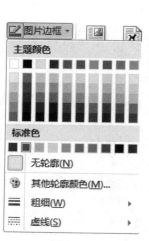

图6-60

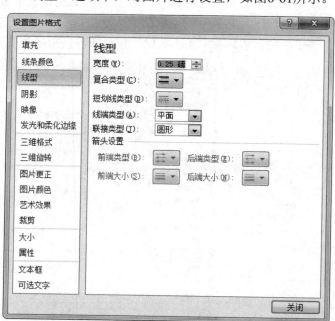

图6-61

● 图片效果：在"格式"选项卡下的"艺术字样式"组中单击
"图片效果"下拉按钮，在弹出的下拉列表中可以为图片设
置阴影、映像、发光、柔化边缘、棱台、三维旋转等效果，
如图6-62所示。

也可以使用"设置图片格式"对话框进行设置，在"格
式"选项卡下的"图片样式"组中单击右下角的对话框启动
器按钮，打开"设置图片格式"对话框，选择"阴影"、
"映像"、"发光和柔化边缘"、"三维格式"、"三维旋
转"选项卡等，对图片进行设置。

图6-62

6.3.3 插入SmartArt图形

SmartArt 图形是信息的可视表示形式，可以从多种不同布局中进
行选择，从而快速轻松地创建所需形式，以便有效地传达信息或观点。

创建 SmartArt 图形时，系统将提示选择一种 SmartArt 图形类型，如"流程"、
"层次结构"、"循环"或"关系"。每种类型的 SmartArt 图形包含几个不同的布局。
选择了一个布局之后，可以很容易地切换 SmartArt 图形的布局或类型。新布局中将自动
保留大部分文字和其他内容以及颜色、样式、效果和文本格式。

1. 创建 SmartArt 图形

在"插入"选项卡下的"插图"组中，单击"SmartArt"按钮。在打开的"选择
SmartArt 图形"对话框中，选择所需的类型和布局，如图6-63所示。

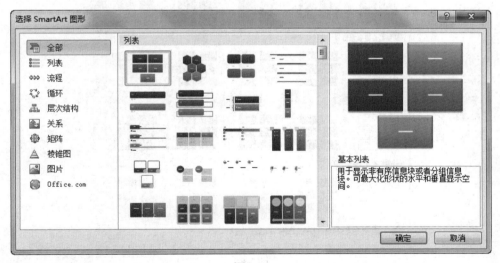

图6-63

在SmartArt 图形中，单击"文本"窗格中的"[文本]"，
然后输入文本。也可以从其他位置或程序复制文本，单击"文
本"窗格中的"[文本]"，然后粘贴文本，如图6-64所示。

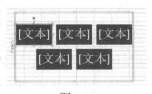

图6-64

2. 编辑 SmartArt 图形

在工作表中插入SmartArt 图形后，还可以为其设置格式，如更改颜色、设置三维效果等。选中要编辑的SmartArt 图形，可自动打开"SmartArt工具"的"设计"选项卡，如图6-65所示。

图6-65

（1）更改颜色。

单击 SmartArt 图形，在"SmartArt 工具"下的"设计"选项卡上，单击"SmartArt样式"组中的"更改颜色"下拉按钮，在弹出的下拉列表中选择所需的颜色，如图6-66所示。

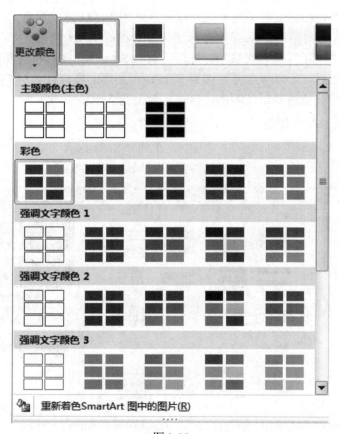

图6-66

（2）设置SmartArt 样式。

"SmartArt 样式"是各种效果（如线型、棱台或三维）的组合，可应用于 SmartArt 图形中的形状以创建独特且具专业设计效果的外观。

单击 SmartArt 图形。在"SmartArt 工具"的"设计"选项卡下的"SmartArt 样

式"组中单击样式区域右下角的"其他"按钮▾，在弹出的库中选择所需要的样式，包括二维样式和三维样式，如图6-67所示。

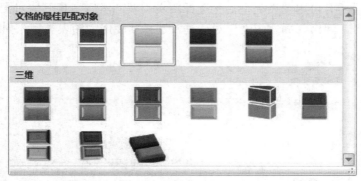

图6-67

6.4 图表的使用

在Excel 2010中，只需在功能区上选择图表类型、图表布局和图表样式，便可轻松地创建具有专业外观的图表。如果将喜欢的图表作为图表模板保存，之后无论何时新建图表，都可以轻松应用该模板，创建图表就更加容易了。

6.4.1 创建图表

Excel 2010支持多种类型的图表，可根据需要选择图表类型来显示数据。创建图表或更改现有图表时，可以从许多图表类型及其子类型中进行选择。也可以通过在图表中使用多种图表类型来创建组合图。

要在Excel中创建可在以后进行修改并设置格式的基本图表，首先要在工作表中输入该图表的数据，然后，选择该数据并在功能区"插入"选项卡下的"图表"组中选择要使用的图表类型即可。对于多数图表（如柱形图和条形图），可以将工作表的行或列中排列的数据绘制在图表中。但某些图表类型（如饼图和气泡图）则需要特定的数据排列方式。

1．创建图表

在"插入"选项卡下的"图表"组中，可以执行创建图表的操作，如图6-68所示。

图6-68

创建图表的具体操作步骤如下：

（1）选择包含要用于图表的数据的单元格。

如果只选择一个单元格，则Excel自动将紧邻该单元格的包含数据的所有单元绘制在图表中。如果要绘制在图表中的单元格不在连续的区域中，那么只要选择的区域为矩形，便可以选择不相邻的单元格或区域。还可以隐藏不想绘制在图表中的行或列。如果要取消选择的单元格区域，单击工作表中的任意单元格即可。

（2）在"插入"选项卡下的"图表"组中，选择图表类型，然后选择要使用的图表子类型，图表将作为嵌入图表出现在工作表上，如图6-69所示。

如果要查看所有可用图表类型，先选择图表类型，然后在其下拉列表中执行"所有图表类型"命令，弹出"插入图表"对话框，选择要使用的图表类型，如图6-70所示。

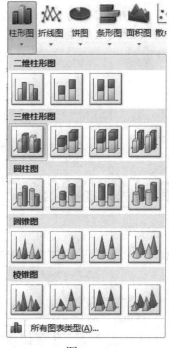

图6-69

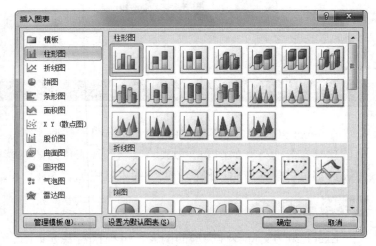

图6-70

提示：当指针停留在任何图表类型或图表子类型上时，屏幕提示将显示图表类型的名称。

2．移动图表

创建完图表后，如果要将图表放在单独的图表工作表中，则可以更改其位置。单击嵌入图表或图表工作表以选中该图表并显示"图表工具"。在"设计"选项卡下的"位置"组中，单击"移动图表"按钮，打开"移动图表"对话框，如图6-71所示。

图6-71

在"选择放置图表的位置"区域，若要将图表显示在图表工作表中，则选中"新工作表"单选按钮，如果要替换图表的建议名称，则可以在"新工作表"文本框中输入新的名称。若要将图表显示为工作表中的嵌入图表，则选中"对象位于"单选按钮，然后在"对象位于"下拉文本框中选择工作表。

6.4.2　编辑图表

创建图表后，"图表工具"变为可用状态，显示"设计"、"布局"和"格式"选项卡。可以使用这些选项卡的命令修改图表，以使图表按照所需的方式表示数据。例如，可以使用"设计"选项卡按行或列显示数据系列，更改图表的源数据，更改图表的位置，更改图表类型，将图表保存为模板或选择预定义布局和格式选项；可以使用"布局"选项卡更改图表元素（如图表标题和数据标签）的显示，使用绘图工具或在图表上添加文本框和图片；可以使用"格式"选项卡添加填充颜色、更改线型或应用特殊效果。

1．图表元素

图表中包含许多元素，如图6-72所示。默认情况下会显示其中一部分元素，而其他元素可以根据需要添加。通过将图表元素移到图表中的其他位置、调整图表元素的大小或者更改格式，可以更改图表元素的显示。还可以删除不希望显示的图表元素。

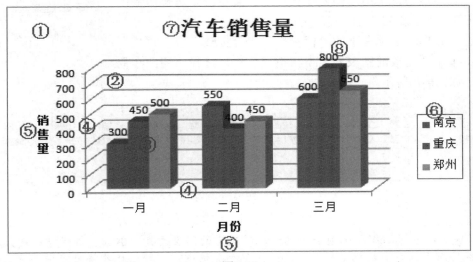

图6-72

①图表区 ②绘图区 ③数据系列的数据点 ④横（分类）和纵（分类）坐标轴 ⑤横和纵坐标轴标题 ⑥图例 ⑦图表标题 ⑧数据标签

2．更改图表的布局或样式

创建图表后，可以快速向图表应用预定义布局和样式来更改它的外观，而无需手动添加或更改图表元素或设置图表格式。Excel 2010提供了多种有用的预定义布局和样式供选择，也可以通过手动更改各个图表元素的布局和样式来自定义布局或样式。

（1）应用预定义图表布局。

单击要使用预定义图表布局来设置其格式的图表，在"设计"选项卡下的"图表布局"组中，选择要使用的图表布局。若要查看所有可用的布局，单击"更多"按钮 即可，如图6-73所示。

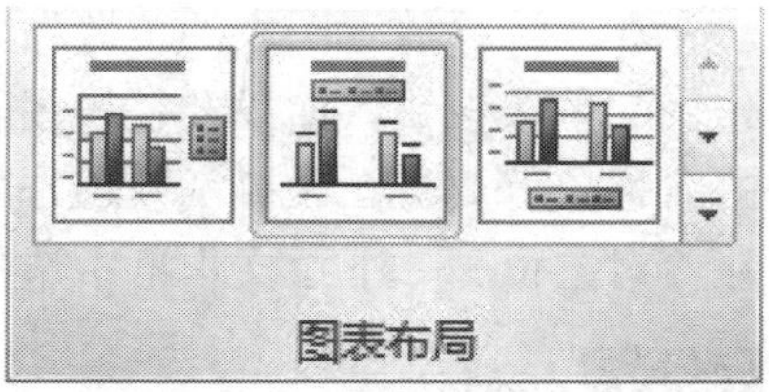

（2）应用预定义图表样式。

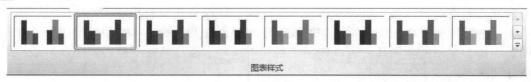

图6-73

单击要使用预定义图表样式来设置其格式的图表，在"设计"选项卡下的"图表样式"组中，选择要使用的图表样式。若要查看所有预定义图表样式，单击"更多"按钮 即可，如图6-74所示。

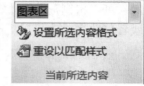

图6-74

（3）手动更改图表元素的布局。

单击要更改其布局的图表或图表元素，或者单击图表内的任意位置以显示"图表工具"，在"格式"选项卡下的"当前所选内容"组中，单击"图表元素"下拉文本框中选择所需的图表元素，如图6-75所示。

在"布局"选项卡下的"标签"、"坐标轴"或"背景"组中，单击要更改的图表元素下拉按钮，然后选择所需的布局选项，如图6-76所示。

图6-75

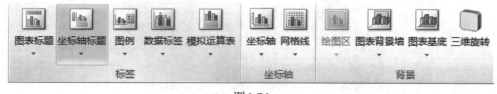

图6-76

提示：选择的布局选项会应用到已经选定的图表元素。例如，选定整个图表，数据标签将应用到所有数据系列。如果选定单个数据点，则数据标签将只应用于选定的数据系列或数据点。

（4）手动更改图表元素的格式。

单击要更改其布局的图表或图表元素，或者单击图表内的任意位置以显示"图表工具"，在"格式"选项卡下的"当前所选内容"组的"图表元素"下拉文本框中选择所需的图表元素。更改图表元素的格式既可以使用设置格式的对话框，也可以使用功能区上的设置按钮。

方法1：若要为选择的任意图表元素设置格式，可在"当前所选内容"组中选择需要的格式选项，执行"设置所选内容格式"命令。

例如，执行"水平（类别）轴"→"设置所选内容格式"命令，打开"设置坐标轴格式"对话框，可设置坐标轴的数字、填充、线条颜色、线型、阴影、发光和柔化边缘、三维格式、对齐方式等，如图6-77所示。

图6-77

方法2：在"格式"选项卡下的"形状样式"组和"艺术字样式"组中设置图表元素的形状格式和文本格式，如图6-78所示。

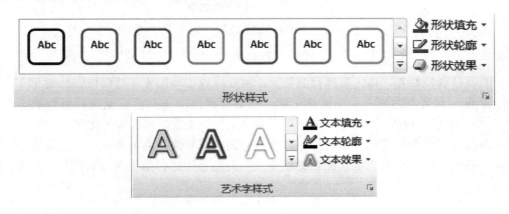

图6-78

提示：在应用艺术字样式后，则无法删除艺术字格式。如果不需要已经应用的艺术字样式，可以选择另一种艺术字样式，也可以选择"快速访问工具栏"上的"撤销"选项以恢复原来的文本格式。

方法3：若要使用常规文本格式为图表元素中的文本设置格式，可以右击或选择该文本，然后在"浮动工具栏"上选择需要的格式选项。也可以使用功能区"开始"选项卡下的"字体"组上的格式设置按钮。

3．添加或删除标题

为了使图表更易于理解，可以添加标题、图表标题和坐标轴标题。坐标轴标题通常可用于能够在图表中显示的所有坐标轴，包括三维图表中的竖（系列）坐标轴。有些图表类型（如雷达图）有坐标轴，但不能显示坐标轴标题。没有坐标轴的图表类型（如饼图和圆环图）也不能显示坐标轴标题。

（1）添加图表标题。

单击要为其添加标题的图表，在"布局"选项卡下的"标签"组中，单击"图表标题"下拉按钮，在其下拉列表中选择"居中覆盖标题"或"图表上方"选项，如图6-79所示。然后在图表中显示的"图表标题"文本框中输入所需的文本。

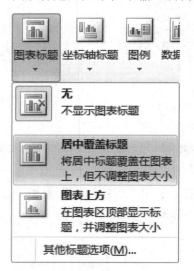

图6-79

若要插入换行符，单击要换行的位置，将光标置于该位置，然后按Enter键即可。

若要设置文本的格式，先选择文本，然后在"浮动工具栏"上选择所需的格式选项。也可以使用功能区"开始"选项卡下的"字体"组上的格式设置按钮。

若要设置整个标题的格式，可以右击该标题，在其快捷菜单中执行"设置图表标题格式"命令，在弹出的"设置图表标题格式"对话框中选择所需的格式选项，如图6-80所示。

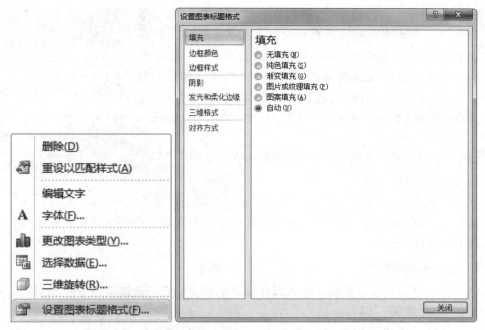

图6-80

（2）添加坐标轴标题。

单击要为其添加坐标轴标题的图表，在"布局"
选项卡下的"标签"组中，单击"坐标轴标题"下拉按
钮。若要向主要横（分类）坐标轴添加标题，执行"主
要横坐标轴标题"命令，然后选择所需的选项；向主要
纵（值）坐标轴、竖（系列）坐标轴添加标题使用同样
的方法，如图6-81所示。然后在图表中显示的"坐标轴标
题"文本框中，输入所需的文本。设置坐标轴标题文本
的方法与设置图表标题文本的方法相同。

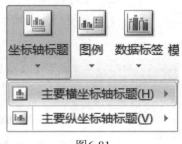

图6-81

提示：此选项仅在所选图表是真正的三维图表（如三维柱形图）时才可用。

（3）删除标题。

单击图表，在"布局"选项卡下的"标签"组中，单击"图表标题"或"坐标轴标
题"下拉按钮，然后在其下拉列表中执行"无"命令。若要快速删除标题或数据标签，
选中后按Delete键即可。

4．添加或删除数据标签

要快速标识图表中的数据系列，可以向图表的数据点添加数据标签。默认情况下，
数据标签将链接到工作表中的值，在对这些值进行更改时它们会自动更新。

（1）添加数据标签。

若要向所有数据系列的所有数据点添加数据标签，先选中图表区，在"布局"选
项卡下的"标签"组中，单击"数据标签"下拉按钮，在其下拉列表中选择需显示的选

项，如图6-82所示。

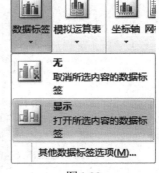

图6-82

若要向一个数据系列的所有数据点添加数据标签，则需单击该数据系列中需要标签的任意位置。若要向一个数据系列中的单个数据点添加数据标签，则需单击包含要标记的数据点的数据系列，然后单击要标记的数据点。

设置数据标签文本的方法与设置图表标题文本的方法相同。

提示：可用的数据标签选项因使用的图表类型而异。

（2）删除数据标签。

单击图表，在"布局"选项卡下的"标签"组中，单击"数据标签"下拉按钮，在其下拉列表中选择"无"选项。若要快速删除标题或数据标签，选中后按Delete键。

5．显示或隐藏图例

创建图表时，会显示图例，但可以在图表创建完毕后隐藏图例或更改图例的位置。

（1）隐藏图例。

单击要在其中隐藏图例的图表，在"布局"选项卡下的"标签"组中，单击"图例"下拉按钮，在其下拉列表中选择"无"选项，如图6-83所示。

要从图表中快速删除某个图例或图例项，可以选中该图例或图例项，然后按Delete键。还可以右击该图例或图例项，然后执行"删除"命令，如图6-84所示。

图6-83

图6-84

（2）更改图例。

单击要在其中更改图例的图表，在"布局"选项卡下的"标签"组中，选择所需的显示选项。

设置图例文本的方法与设置图表标题文本的方法相同。

提示：在选择其中一个显示选项时，该图例会发生移动，而且绘图区（在二维图表中，是指通过轴来界定的区域，包括所有数据系列。在三维图表中，同样是通过轴来界定的区域，包括所有数据系列、分类名、刻度线标志和坐标轴标题。）会自动调整以便为该图例腾出空间。如果是移动图例并设置其大小，则不会自动调整绘图区。

6．显示或隐藏坐标轴

在创建图表时，会为大多数图表类型显示主要坐标轴。可以根据需要启用或禁用主要坐标轴。添加坐标轴时，可以指定想让坐标轴显示的信息的详细程度。创建三维图表时会显示竖坐标轴。

（1）显示坐标轴。

单击要显示或隐藏其坐标轴的图表，在"布局"选项卡下的"坐标轴"组中，单击"坐标轴"下拉按钮，在其下拉列表中选择"主要横坐标轴"、"主要纵坐标轴"或"竖坐标轴"（在三维图表中）选项，然后选择所需的坐标轴显示选项，如图6-85所示。

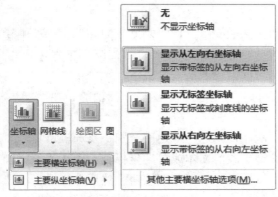

图6-85

（2）隐藏坐标轴。

单击要显示或隐藏其坐标轴的图表，在"布局"选项卡下的"坐标轴"组中，单击"坐标轴"下拉按钮，在其下拉列表中选择"主要横坐标轴"、"主要纵坐标轴"或"竖坐标轴"（在三维图表中）选项，然后选择"无"选项。

（3）更改坐标轴。

单击要显示或隐藏其坐标轴的图表，在"布局"选项卡下的"坐标轴"组中，单击"坐标轴"下拉按钮，在其下拉列表中选择"主要横坐标轴"、"主要纵坐标轴"或"竖坐标轴"（在三维图表中）选项，然后执行"其他主要横坐标轴选项"、"其他主要纵坐标轴选项"或"其他竖坐标轴选项"命令，打开"设置坐标轴格式"对话框，如图6-86所示。

图6-86

- 要更改刻度线之间的间隔，在"刻度线间隔"文本框中输入所需的数字即可。
- 要更改轴标签之间的间隔，在"标签间隔"下选中"指定间隔单位"单选按钮，然后在文本框中输入所需的数字。
- 要更改轴标签的位置，在"标签与坐标轴的距离"文本框中输入所需的数字即可。
- 要颠倒分类的次序，则选中"逆序类别"复选框。
- 要将坐标轴类型更改为文本或日期坐标轴，则在"坐标轴类型"下选中"文本坐标轴"或"日期坐标轴"单选按钮，然后选择适当的选项。文本和数据点均匀分布在文本坐标轴上。而日期坐标轴会按照时间顺序以特定的间隔或基本单位（如日、月、年）显示日期，即使工作表上的日期没有按顺序或者相同的基本单位显示。
- 要更改轴刻度线和标签的位置，则在"主要刻度线类型"、"次要刻度线类型"和"坐标轴标签"下拉列表框中选择所需的选项。
- 要更改垂直（数值）轴与水平（类别）轴的交叉位置，则在"纵坐标轴交叉"下选中"分类编号"单选按钮，然后在文本框中输入所需的数字，或选中"最大分类"单选按钮来指定在X轴上最后分类之后垂直（数值）轴与水平（类别）轴交叉。

7.显示或隐藏网格线

为了使图表更易于理解,可以在图表的绘图区中显示或隐藏从任何横坐标轴和纵坐标轴延伸出的水平和垂直图表网格线。

(1)添加网格线。

单击要向其中添加图表网格线的图表,在"布局"选项卡下的"坐标轴"组中,单击"网格线"下拉按钮,在其下拉列表中选择所需的选项,如图6-87所示。

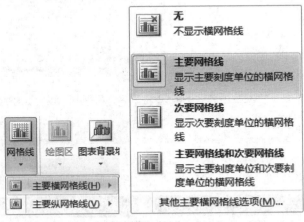

图6-87

(2)隐藏网格线。

单击要隐藏图表网格线的图表,在"布局"选项卡下的"坐标轴"组中,单击"网格线"下拉按钮,在其下拉列表中选择"主要横网格线"、"主要纵网格线"或"竖网格线"(三维图表上)选项,然后在相应子列表中选择"无"选项。

若要快速删除图表网格线,选中后按Delete键。

8.调整图表的大小

单击图表,然后拖拽尺寸控制点,将其调整为所需大小。也可以在"格式"选项卡下"大小"组中的"高度"和"宽度"框中输入大小。

若要获得更多调整大小的选项,可在"格式"选项卡下的"大小"组中单击对话框启动器按钮。在"设置图表区格式"对话框的"大小"选项卡下,可以选择用来调整图表大小、旋转或缩放图表的选项。在"属性"选项卡下,可以指定所希望的图表与工作表上的单元格一同移动或调整大小的方式。

9.将图表另存为图表模板

单击要另存为模板的图表。在"设计"选项卡下的"类型"组中,单击"另存为模板"按钮,打开"保存图标模板"对话框,在"保存位置"文本框中,确保"图表"文件夹已选中。在"文件名"文本框中,输入图表模板名称,如图6-88所示。再创建新图表或要更改现有图表的图表类型时,就可以应用新的图表模板。

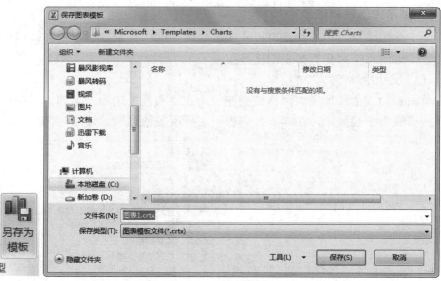

图6-88

6.5 样题解答

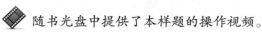 随书光盘中提供了本样题的操作视频。

在"文件"选项卡下执行"打开"命令，在"查找范围"文本框中找到指定路径，选择A6.xlsx文件，单击"打开"按钮。

一、设置工作表及表格

1．工作表的基本操作

第1步：在Sheet1工作表中，按下Ctrl + A组合键选中整个工作表，单击"开始"选项卡下"剪贴板"组中的"复制"按钮，切换至Sheet2工作表，选中A1单元格，单击"剪贴板"中的"粘贴"按钮。

第2步：在Sheet2工作表的标签上右击，在弹出的快捷菜单中执行"重命名"命令，此时的标签会显示黑色背景，此时输入新的工作表名称"销售情况表"。再次在标签上右击，在弹出的快捷菜单中执行"工作表标签颜色"命令，在打开的列表中选择标准色中的"橙色"，如图6-89所示。

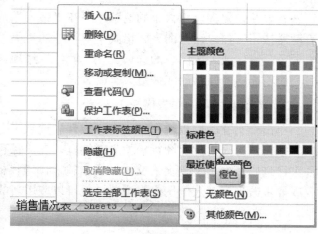

图6-89

第3步：在"销售情况表"工作表中第3行的行号上右击，在弹出的快捷菜单中执行"插入"命令，即可在标题行的下方插入一空行。

第4步：在"销售情况表"工作表中第3行的行号上右击，在弹出的快捷菜单中执行"行高"命令，打开"行高"对话框，在"行高"文本框中输入数值"10"，单击"确定"按钮即可，如图6-90所示。

图6-90

第5步：在文本"郑州"所在行的行号上右击，在弹出的快捷菜单中执行"剪切"命令，将该行内容暂时存放在剪贴板上。在文本"商丘"所在行的行号上右击，再在弹出的快捷菜单中执行"插入剪切的单元格"命令，即可完成行的插入操作。

第6步：在第G列的列标上右击，在弹出的快捷菜单中执行"删除"命令，即可删除该空列。

2．单元格格式的设置

第7步：在"销售情况表"工作表中，选中单元格区域B2:G3，单击"开始"选项卡下"对齐方式"组中的"合并后居中"按钮。

第8步：在"开始"选项卡下单击"字体"组右下角的"对话框启动器"按钮，弹出如图6-91所示的"设置单元格格式"对话框。在"字体"选项卡下的"字体"列表框中选择"华文仿宋"，在"字号"列表框中选择"20"磅，在"字形"列表框中选择"加粗"。

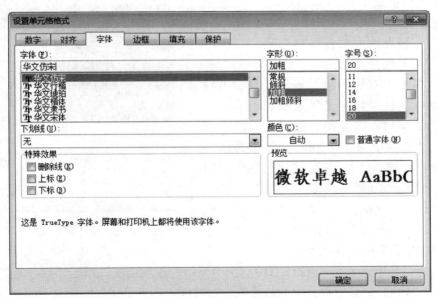

图6-91

第9步：在"设置单元格格式"对话框的"填充"选项卡下，单击"其他颜色"按钮，如图6-92所示，弹出"颜色"对话框，如图6-93所示。在"自定义"选项卡下的"颜色模式"下拉列表中选择"RGB"，在"红色"后的微调框中输入"146"，在

"绿色"后的微调框中输入"205"，在"蓝色"后的微调框中输入"220"，单击"确定"按钮。返回到"设置单元格格式"对话框，单击"确定"按钮即可。

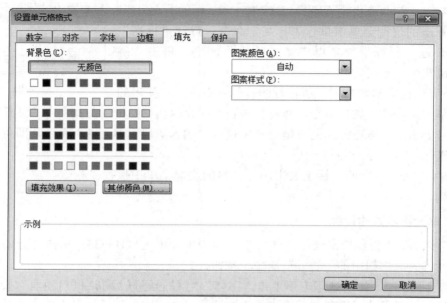

图6-92

第10步：选中单元格区域B4:G4，打开"设置单元格格式"对话框，在"字体"选项卡下的"字体"列表框中选择"华文行楷"，在"字号"列表框中选择"14"磅，在"颜色"列表框中选择"白色"。在"填充"选项卡下，单击"其他颜色"按钮，弹出"颜色"对话框。在"自定义"选项卡下的"颜色模式"下拉列表中选择"RGB"，在"红色"后的微调框中输入"200"，在"绿色"后的微调框中输入"100"，在"蓝色"后的微调框中输入"100"，单击"确定"按钮，返回到"设置单元格格式"对话框，单击"确定"按钮。在"开始"选项卡下，单击"对齐方式"组中的"居中"按钮 。

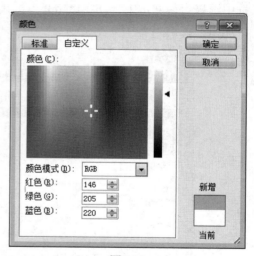

图6-93

第11步：选中单元格区域B5:G10，在"开始"选项卡下，单击"对齐方式"组中的"居中"按钮。打开"设置单元格格式"对话框，在"字体"选项卡下的"字体"列表框中选择"华文细黑"，在"字号"列表框中选择"12"磅。在"填充"选项卡下，单击"其他颜色"按钮，弹出"颜色"对话框。在"自定义"选项卡下的"颜色模式"

下拉列表中选择"RGB"，在"红色"后的微调框中输入"230"，在"绿色"后的微调框中输入"175"，在"蓝色"后的微调框中输入"175"，单击"确定"按钮，返回到"设置单元格格式"对话框。

　　第12步：在"设置单元格格式"对话框的"边框"选项卡下，在"线条"选项区域中，在"颜色"列表中选择标准色中的"深红"色，在"样式"列表框中选择粗实线（第5行第2列），在"预置"选项区域单击"外边框"按钮，在"样式"列表框中选择虚线（第6行第1列），在"预置"选项区域单击"内部"按钮，如图6-94所示；单击"确定"按钮。

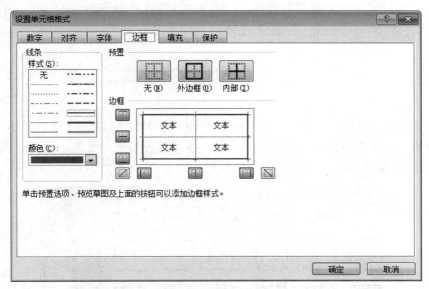

图6-94

3．表格的插入设置

　　第13步：在"销售情况表"工作表中选中文本"0"所在的单元格（C7），单击"审阅"选项卡下"批注"组中的"新建批注"按钮，即可在该单元格附近打开一个批注框，在框内输入文本"该季度没有进入市场"即可，如图6-95所示。

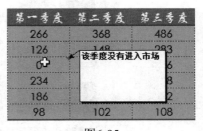

图6-95

　　第14步：在"销售情况表"工作表中表格的下方选中任一单元格，单击"插入"选项卡下"符号"组中的"公式"按钮，在功能区中将会显示"公式工具"选项卡，参照【样文6-1A】，在该选项卡的"结构"组中单击"根式"按钮，从弹出的列表框中选择"常用根式"中的"根式"，如图6-96所示，完成后在公式编辑区域外的任意位置单击。

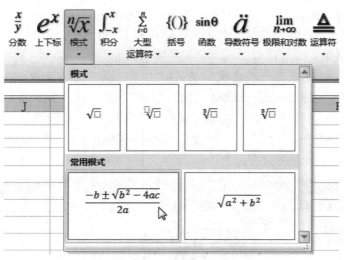

图6-96

第15步：选中已插入的公式，在"绘图工具"的"格式"选项卡下，单击"形状样式"组中的"其他"按钮，在弹出的库中选择"强烈效果 - 蓝色，强调颜色1"的形状样式，如图6-97所示。

图6-97

二、建立图表

第16步：在"销售情况表"工作表中选中单元格区域B4:F10，单击"插入"选项卡下"图表"组的"柱形图"按钮，在弹出的下拉列表中选择"三维簇状柱形图"，如图6-98所示。

第17步：选中所创建的图表，在"图表工具"的"设计"选项卡下单击"位置"组中的"移动图表"按钮，在弹出的"移动图表"对话框中，在"对象位于"下拉列表中选择Sheet3工作表，单击"确定"按钮，如图6-99所示。

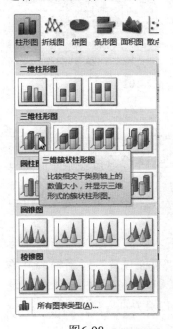

图6-98　　　　　　　　　　　　　　图6-99

第18步：在"图表工具"的"布局"选项卡下单击"标签"组中的"图表标题"按钮，在弹出的下拉列表中选择"图表上方"，如图6-100所示，在图表标题中输入文本"利达公司各季度销售情况表"。

第19步：在"图表工具"的"布局"选项卡下单击"标签"组中的"坐标轴标题"按钮，在弹出的下拉列表中选择"主要横坐标轴标题"选项下的"坐标轴下方标题"，如图6-101所示，然后在横坐标轴标题中输入文本"城市"。

第20步：在"图表工具"的"布局"选项卡下单击"标签"组中的"坐标轴标题"按钮，在弹出的下拉列表中选择"主要纵坐标轴标题"选项下的"竖排标题"，如图6-102所示，然后在纵坐标轴标题中输入文本"销售额"。

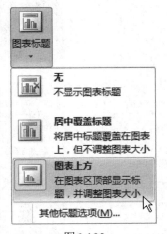

图6-100

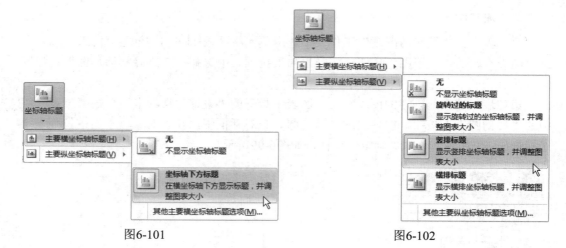

图6-101   图6-102

三、工作表的打印设置

第21步：在"销售情况表"工作表中选中第8行，单击"页面布局"选项卡下"页面设置"组中的"分隔符"按钮，在弹出的下拉列表中执行"插入分页符"命令，即可在该行的上方插入分页符。

第22步：在"销售情况表"工作表中单击"页面布局"选项卡下"页面设置"组中的"打印标题"按钮，弹出"页面设置"对话框。

第23步：在"页面设置"对话框的"工作表"选项卡下，单击"顶端标题行"后的折叠按钮，在工作表中选择表格的标题区域；返回至"页面设置"对话框，再单击"打印区域"后的折叠按钮，在工作表中选择单元格区域A1:G16；返回至"页面设置"对话框，如图6-103所示，单击"打印预览"按钮进入到预览界面。

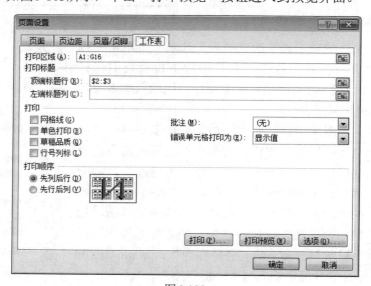

图6-103

第24步：退出打印预览界面，单击"快速访问工具栏"中的"保存"按钮。

第七章　电子表格中的数据处理

Excel 2010提供了多种方法对数据进行分析和管理，可以查找和替换数据，也可以对数据进行排序和筛选，使用合并计算来汇总数据。

本章主要内容
- 数据处理与分析
- 公式的使用
- 数据透视表的使用

评分细则

本章有7个评分点，每题16分。

序号	评分点	分值	得分条件	判分要求
1	数据的查找、替换	1	将指定内容全部更改	使用"查找/替换"技能点，有一处未改不给分
2	公式（函数）应用	2	公式或函数使用正确	以"编辑栏"中的显示判定
3	数据排序、应用条件格式	3	使用数据完整，排序结果正确，正确应用条件格式	须使用"排序"技能点 须使用"条件格式"技能点
4	数据筛选	2	使用数据完整，筛选结果正确	须使用"筛选"技能点
5	数据合并计算	3	使用数据完整，计算结果正确	须使用"合并计算"技能点
6	数据分类汇总	2	使用数据完整，汇总结果正确	须使用"分类汇总"技能点
7	建立数据透视表	3	使用数据完整，选定字段正确	须使用"数据透视表"技能点

本章导读

综上所述，我们明确了本章所要求掌握的技能考核点以及对应《试题汇编》单元的评分点、分值和判分要求等。下面先在"样题示范"中展示《试题汇编》中的一道真题，然后详细讲解本章中涉及到的知识点和技能考核点，最后通过"样题解答"来讲解这道真题的详细操作步骤。

7.1 样题示范

【练习目的】

从《试题汇编》中选取样题，了解本章题目类型，掌握本章重点技能点。

【样题来源】

《试题汇编》第七单元7.1题（随书光盘中提供了本样题的操作视频）。

【操作要求】

打开文档A7.xlsx，按下列要求操作。

1．**数据的查找与替换**：按【样文7-1A】所示，在Sheet1工作表中查找出所有的数值"88"，并将其全部替换为"80"。

2．**公式、函数的应用**：按【样文7-1A】所示，使用Sheet1工作表中的数据，应用函数公式统计出各班的"总分"，并计算"各科平均分"，结果分别填写在相应的单元格中。

3．**基本数据分析**：

- **数据排序及条件格式的应用**：按【样文7-1B】所示，使用Sheet2工作表中的数据，以"总分"为主要关键字、"数学"为次要关键字进行升序排序，并对相关数据应用"图标集"中"四等级"的条件格式，实现数据的可视化效果。

- **数据筛选**：按【样文7-1C】所示，使用Sheet3工作表中的数据，筛选出各科分数均大于或等于80的记录。

- **合并计算**：按【样文7-1D】所示，使用Sheet4工作表中的数据，在"各班各科平均成绩表"的表格中进行求"平均值"的合并计算操作。

- **分类汇总**：按【样文7-1E】所示，使用Sheet5工作表中的数据，以"班级"为分类字段，对各科成绩进行"平均值"的分类汇总。

4．**数据的透视分析**：按【样文7-1F】所示，使用"数据源"工作表中的数据，以"班级"为报表筛选项，以"日期"为行标签，以"姓名"为列标签，以"迟到"为计数项，从Sheet6工作表的A1单元格起建立数据透视表。

【样文7-1A】

恒大中学高二考试成绩表						
姓名	班级	语文	数学	英语	政治	总分
李平	高二（一）班	72	75	69	80	296
麦孜	高二（二）班	85	80	73	83	321
张江	高二（一）班	97	83	89	80	349
王硕	高二（三）班	76	80	84	82	322
刘梅	高二（三）班	72	75	69	63	279
江海	高二（一）班	92	86	74	84	336
李朝	高二（三）班	76	85	84	83	328
许如润	高二（一）班	87	83	90	80	340
张玲铃	高二（三）班	89	67	92	87	335
赵丽娟	高二（二）班	76	67	78	97	318
高峰	高二（二）班	92	87	74	84	337
刘小丽	高二（三）班	76	67	90	95	328
各科平均分		82.5	77.9	80.5	83.2	

【样文7-1B】

恒大中学高二考试成绩表									
姓名	班级		语文		数学		英语	政治	总分
刘梅	高二（三）班		72		75		69	63	279
李平	高二（一）班		72		75		69	80	296
赵丽娟	高二（二）班		76		67		78	97	318
刘小丽	高二（三）班		76		67		90	95	328
李朝	高二（三）班		76		85		84	83	328
麦孜	高二（二）班		85		88		73	83	329
王硕	高二（三）班		76		88		84	82	330
张玲铃	高二（三）班		89		67		92	87	335
江海	高二（三）班		92		86		74	84	336
高峰	高二（二）班		92		86		74	84	337
许如润	高二（一）班		87		83		90	88	348
张江	高二（一）班		97		83		89	88	357

【样文7-1C】

恒大中学高二考试成绩表					
姓名	班级	语文	数学	英语	政治
李平	高二（一）				
张江	高二（一）班	97	83	89	88
许如润	高二（一）班	87	83	90	88

【样文7-1D】

各班各科平均成绩表				
班级	语文	数学	英语	政治
高二（一）班	87	81.75	80.5	85
高二（二）班	84.33333	80.66667	75	88
高二（三）班	77.8	76.4	83.8	82

【样文7-1E】

恒大中学高二考试成绩表					
姓名	班级	语文	数学	英语	政治
	高二（一）班	87	81.75	80.5	85
	高二（三）班	77.8	76.4	83.8	82
	高二（二）班	84.33333	80.66667	75	88
	总计平均值	82.5	79.25	80.5	84.5

【样文7-1F】

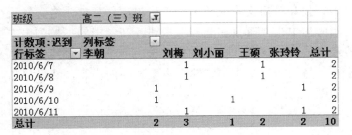

班级	高二（三）班					
计数项:迟到	列标签					
行标签	李朝	刘梅	刘小丽	王硕	张玲铃	总计
2010/6/7		1		1		2
2010/6/8		1		1		2
2010/6/9	1				1	2
2010/6/10	1		1			2
2010/6/11		1			1	2
总计	2	3	1	2	2	10

7.2　数据处理与分析

7.2.1　数据的查找与替换

1．数据查找

要在工作表中查找文本或数字，首先单击任意单元格。然后在"开始"选项卡下的"编辑"组中，单击"查找和选择"下拉按钮，在弹出的下拉列表中执行"查找"命令。打开"查找和替换"对话框，在"查找"选项卡下的"查找内容"框中，输入要搜索的文本或数字，或者单击"查找内容"文本框后的下拉按钮，在列表中选择一个最近的搜索，然后单击"查找全部"或"查找下一个"按钮，如图7-1所示。

图7-1

在搜索条件中可以使用通配符，例如星号（*）或问号（?）。

- 使用星号可查找任意字符串。例如 s*d 可找到"sad"和"started"。
- 使用问号可查找任意单个字符。例如 s?t 可找到"sat"和"set"。

2．数据替换

要在工作表中查找和替换文本或数字，首先单击任意单元格。然后在"开始"选项卡下的"编辑"组中，单击"查找和选择"按钮，在弹出的下拉列表中执行"替换"命令。打开"查找和替换"对话框，在"替换"选项卡下的"查找内容"文本框中输入需要查找的内容，在"替换为"文本框中输入需要替换的内容，然后单击"替换"或"全部替换"按钮，如图7-2所示。

图7-2

7.2.2 数据排序

对数据进行排序是数据分析不可缺少的组成部分，对数据进行排序有助于更直观地显示和理解数据，组织并查找所需数据，帮助用户最终做出更有效的决策。

图7-3

在"数据"选项卡下的"排序和筛选"组中，可以执行数据排序的操作，如图7-3所示。

1．使用排序按钮快速排序

在排序时，可以使用两个排序按钮 ↑和 ↓进行快速排序。

● ↑表示数据按递增顺序排列，使最小值位于列的顶端。
● ↓表示数据按递减顺序排列，使最大值位于列的顶端。

选择要排序的列中的单个单元格，在"数据"选项卡下的"排序和筛选"组中，根据需要单击"排序"按钮。

2．使用"排序"对话框进行排序

利用"排序"按钮排序虽然快捷方便，但是只能按某一字段名的内容进行排序，如果要按照两个或两个以上字段名进行排序，则可以在"排序"对话框中进行。

选择要排序的单元格区域中的任一单元格，在"数据"选项卡下的"排序和筛选"组中单击"排序"按钮，打开"排序"对话框，如图7-4所示。

图7-4

（1）在"列"区域选择要排序的列。

（2）在"排序依据"区域选择排序类型。若按文本、数值或日期和时间进行排序，则选择"数值"选项；若按格式进行排序，则选择"单元格颜色"、"字体颜色"或"单元格图标"选项。

（3）在"次序"区域选择排序方式。

● 对于文本值、数值或日期和时间值，选择"升序"或"降序"选项。

● 若基于自定义序列进行排序，则选择"自定义序列"选项。

● 对于单元格颜色、字体颜色或单元格图标，选择"在顶端"或"在底端"选项。如果是按行进行排序，则选择"在左侧"或"在右侧"选项。

（4）若添加作为排序依据的另一列，则单击"添加条件"按钮，然后重复步骤（1）～（3）。

（5）若复制作为排序依据的列，先选中该条目，然后单击"复制条件"按钮。

（6）若删除作为排序依据的列，先选中该条目，然后单击"删除条件"按钮。

（7）若更改列的排序顺序，先选中一个条目，然后单击"上移"按钮▲或"下移"按钮▼更改顺序。

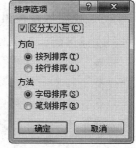

图7-5

提示：列表中位置较高的条目在列表中位置较低的条目之前排序。

（8）若排序时保留字段名称行，则选中"数据包含标题"复选框。

（9）单击"选项"按钮，打开"排序选项"对话框，可以选择"区分大小写"以及排序的方向、方法，如图7-5所示。

（10）设置好后，单击"确定"按钮，即可得到排序结果。

7.2.3 数据筛选

使用自动筛选来筛选数据，可以快速又方便地查找和使用单元格区域或表中数据的子集。筛选过的数据仅显示那些满足指定条件的行，并隐藏那些不希望显示的行。筛选数据之后，对于筛选过的数据的子集，不需要重新排列或移动就可以复制、查找、编辑、设置格式、制作图表和打印。

1．自动筛选

自动筛选是利用Excel 2010提供的预定方式对数据进行筛选，"自动筛选"操作简单，可满足大部分使用的需要。使用"自动筛选"可以创建三种筛选类型：按值列表、按格式、按条件。对于每个单元格区域或列表来说，这三种筛选类型是互斥的。具体操作步骤如下：

（1）选择要进行数据筛选的单元格区域或表，在"数据"选项卡下的"排序和筛选"组中，单击"筛选"按钮。

（2）单击列标题中的下拉按钮。

（3）在弹出的下拉列表中选择或清除一个或多个要作为筛选依据的值。值列表最多可以达到10000。如果值列表很大，则取消选中"（全选）"复选框，然后选择要作为筛选依据的值，如图7-6所示。

图7-6

（4）单击"确定"按钮完成筛选。

　提示：可以按多个列进行筛选。筛选器是累加的，这意味着每个追加的筛选器都基于当前筛选器，从而减少了数据的子集。

2．自定义筛选

在使用"自动筛选"命令筛选数据时，还可以利用"自定义筛选"功能来限定一个或多个筛选条件，以便于将更接近条件的数据显示出来。

（1）选择要进行数据筛选的单元格区域或表，在"数据"选项卡下的"排序和筛选"组中，单击"筛选"按钮。

（2）单击列标题中的下拉按钮 。

（3）指针指向"文本筛选"（或"数字筛选"、"日期筛选"）选项，然后选择一个比较运算符命令或"自定义筛选"选项，如图7-7所示。

（4）在打开的"自定义自动筛选方式"对话框中，在左侧框中选择比较运算符，在右侧框中输入文本、数字、日期、时间或从列表中选择相应的文本或值，如图7-8所示。

图7-7

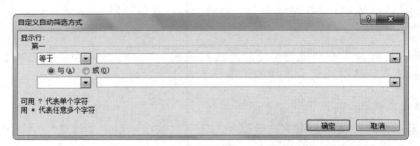

图7-8

如果需要查找某些字符相同但其他字符不同的值，则使用通配符，如表7-1所示。

表7-1

请使用	若要查找
?（问号）	任意单个字符 例如，sm?th可找到smith和smyth
*（星号）	任意数量的字符 例如，*east可找到Northeast和Southeast
~（波形符）后跟?、*或~	问号、星号或波形符 例如，"fy06~?"可找到"fy06?"

（5）若要按多个条件进行筛选，可选择"与"或"或"，然后在第二个条目中的左侧框选择比较运算符，在右侧框中输入或从列表中选择相应的文本或值。

● 若要对表列或选定内容进行筛选，两个条件都必须为True，则选择"与"。
● 若要筛选表列或选择内容，两个条件中的任意一个或者两个都可以为True，则选择"或"。

3．按单元格颜色、字体颜色或图标集进行筛选

如果已手动或有条件地按单元格颜色或字体颜色设置了单元格区域的格式，那么还可以按这些颜色进行筛选。还可以按通过条件格式所创建的图标集进行筛选。

（1）选择一个包含按单元格颜色、字体颜色或图标集设置格式的单元格区域。在"数据"选项卡下的"排序和筛选"组中，单击"筛选"按钮。

提示：确保该表列中包含按单元格颜色、字体颜色或图标集设置格式的数据（不需要选择）。

（2）单击列标题中的下拉按钮▾。

（3）指针指向"按颜色筛选"选项，然后根据格式类型选择"按单元格颜色筛选"、"按字体颜色筛选"或"按单元格图标筛选"选项。根据格式的类型，选择单元格颜色、字体颜色或单元格图标，如图7-9所示。

图7-9

4．按选定内容筛选

按选定内容筛选可以用等于活动单元格内容的条件快速筛选数据。

在单元格区域或表列中，右击包含要作为筛选依据的值、颜色、字体颜色或图标的单元格，选择"筛选"选项，如图7-10所示，然后执行下列操作之一。

● 若按文本、数字、日期或时间进行筛选，执行"按所选单元格的值筛选"命令。
● 若按单元格颜色进行筛选，执行"按所选单元格的颜色筛选"命令。

- 若按字体颜色进行筛选，执行"按所选单元格的字体颜色筛选"命令。
- 若按图标进行筛选，执行"按所选单元格的图标筛选"命令。

图7-10

5．清除筛选

若在多列单元格区域或表中清除对某一列的筛选，可以单击该列标题上的筛选按钮，然后执行"从 <列名称> 中清除筛选"命令，如图7-11所示。

若清除工作表中的所有筛选并重新显示所有行，只需在"数据"选项卡下的"排序和筛选"组中，单击"清除"按钮。

7.2.4 合并计算

所谓合并计算，就是用来汇总一个或多个源区域中的数据的方法。合并计算可以将每个单独工作表中的数据合并到一个工作表（或主工作表）中。所合并的工作表可以与主工作表位于同一工作簿中，也可以位于其他工作簿中。对数据进行合并计算能够更容易地对数据进行定期或不定期的更新和汇总。例如，有一个用于每个

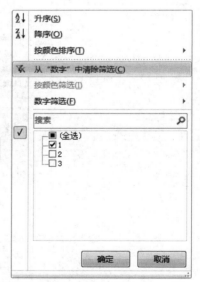

图7-11

部门收支数据的工作表，可使用合并计算将这些收支数据合并到公司的收支工作表中，这个主工作表中可以包含整个企业的销售总额和平均值、当前的库存水平和销售额最高的产品。

1．按位置进行合并计算

当多个源区域中的数据是按照相同的顺序排列并使用相同的行和列标签时，可以按

位置进行合并计算。

按位置进行合并计算前，要确保每个数据区域都采用列表格式：每列的第一行都有一个标签，列中包含相应的数据，并且列表中没有空白的行或列。将每个区域分别置于单独的工作表中，不要将任何区域放在需要放置合并的工作表中，并且确保每个区域都具有相同的布局。

按位置进行合并计算的具体操作步骤如下：

（1）在主工作表中，单击要显示合并数据的单元格区域左上方的单元格。在"数据"选项卡下的"数据工具"组中，单击"合并计算"按钮，如图7-12所示。

图7-12

（2）打开"合并计算"对话框，在"函数"下拉列表框中，选择用来对数据进行合并计算的汇总函数，如图7-13所示。

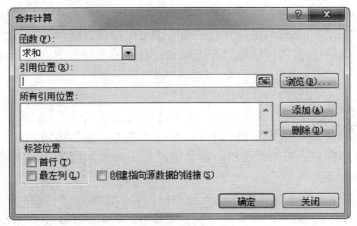

图7-13

（3）在"引用位置"文本框中输入源引用位置，或单击"折叠对话框"按钮 进行单元格区域引用，如图7-14所示。如果工作表在另一个工作簿中，则单击"浏览"按钮找到文件，然后单击"确定"按钮以关闭"浏览"对话框。

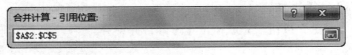

图7-14

（4）选定引用位置后，单击"添加"按钮，将位置添加到"所有引用位置"，如图7-15所示。对每个区域重复这一步骤。

（5）单击"确定"按钮，完成按位置进行合并计算。

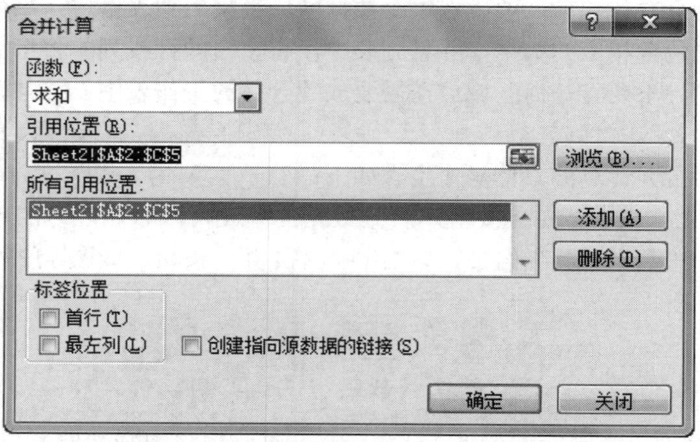

图7-15

2. 按分类进行合并计算

当多个源区域中的数据以不同的方式排列，但却使用相同的行和列标签时，可以按分类进行合并计算。

按分类进行合并计算前，要确保每个数据区域都采用列表格式：每列的第一行都有一个标签，列中包含相应的数据，并且列表中没有空白的行或列。将每个区域分别置于单独的工作表中，不要将任何区域放在需要放置合并的工作表中。确保每个区域都具有相同的布局。

按分类进行合并计算的具体操作步骤如下：

（1）在主工作表中，在要显示合并数据的单元格区域中，单击左上方的单元格。在"数据"选项卡下的"数据工具"组中，单击"合并计算"按钮。

（2）打开"合并计算"对话框，在"函数"下拉列表框中，选择用来对数据进行合并计算的汇总函数。

（3）在"引用位置"文本框中输入源引用位置，或单击"折叠对话框"按钮 进行单元格区域引用。如果工作表在另一个工作簿中，则单击"浏览"按钮找到文件，然后单击"确定"按钮以关闭"浏览"对话框。

（4）选定引用位置后，单击"添加"按钮，将位置添加到"所有引用位置"。对每个区域重复这一步骤。

（5）在"标签位置"选项区域，选中指示标签在源区域中位置的复选框"首行"、"最左列"或两者都选。

（6）单击"确定"按钮，完成按位置进行合并计算。

7.2.5 数据分类汇总

在Excel 2010中，通过执行"数据"选项卡下的"分级显示"组中的"分类汇总"命令，可以自动计算列的列表中的分类汇总和总计。分类汇总的方式有求和、平均值、最大值、最小值、偏差、方差等十多种，最常用的是对分类数据求和或求平均值。

分类汇总是通过使用SUBTOTAL函数与汇总函数（例如，"求和"或"平均值"）一起计算得到的。可以为每列显示多个汇总函数类型。"分类汇总"命令可以分级显示列表，以便显示和隐藏每个分类汇总的明细行。

总计是从明细数据派生的，而不是从分类汇总中的值派生的。例如，使用"平均值"汇总函数，则总计行将显示列表中所有明细行的平均值，而不是分类汇总行中的值的平均值。

1．插入分类汇总

要在工作表上的数据列表中插入分类汇总，首先要确保数据区域中要对其进行分类汇总计算的每个列的第一行都具有一个标签，每个列中都包含类似的数据，并且该区域不包含任何空白行或空白列。

（1）选择该区域中的任一单元格。

（2）若要对包含用作分组依据的数据的列进行排序，选择该列，然后在"数据"选项卡下的"排序和筛选"组中，单击"升序"或"降序"按钮。

（3）在"数据"选项卡下的"分级显示"组中，单击"分类汇总"按钮，打开"分类汇总"对话框，如图7-16所示。

（4）在"分类字段"下拉列表框中，选择要计算分类汇总的列。在"汇总方式"下拉列表框中，选择要用来计算分类汇总的汇总函数。在"选定汇总项"列表框中，对于包含要计算分类汇总的值的每个列，选中其复选框。如果想按每个分类汇总自动分页，需选中"每组数据分页"复选框。若要指定汇总行位于明细行的上面，须取消选中"汇总结果显示在数据下方"复选框。若要指定汇总行位于明细行的下面，须选中"汇总结果显示在数据下方"复选框，如图7-17所示。

图7-16

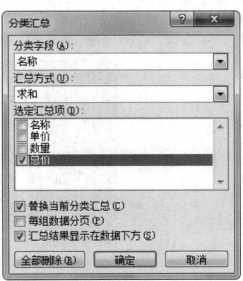

图7-17

（5）重复以上步骤可以再次执行"分类汇总"命令，以便使用不同汇总函数添加更多分类汇总。若要避免覆盖现有分类汇总，须取消选中"替换当前分类汇总"复选框。

提示：若只显示分类汇总和总计的汇总，则单击行编号旁边的分级显示符号 1 2 3 。使用 ➕ 和 ➖ 分级显示符号可以显示或隐藏单个分类汇总的明细行。

2．删除分类汇总

删除分类汇总时，Excel 2010还将删除与分类汇总一起插入列表中的分级显示和任何分页符。

单击包含分类汇总的区域中的某个单元格，在"数据"选项卡下的"分级显示"组中，单击"分类汇总"按钮，打开"分类汇总"对话框，单击"全部删除"按钮。

3．分级显示数据列表

对工作表中的数据进行分类汇总后，将会使原来的工作表显得庞大，此时如果单独查看汇总数据或明细数据，最简单的方法就是利用Excel 2010提供的分级显示功能。

分级显示工作表数据，其中明细数据行或列进行了分组，以便能够创建汇总报表。在分级显示中，分级最多为八个级别，每组一级。每个内部级别显示前一外部级别的明细数据，其中内部级别由分级显示符号中的较大数字表示，外部级别由分级显示符号中的较小数字表示。使用分级显示可以汇总整个工作表或其中的一部分，可以快速显示摘要行或摘要列，或者显示每组的明细数据。

图7-18显示了一个按地理区域和月份分组的销售数据分级显示行，此分级显示行有多个摘要行和明细数据行。要显示某一级别的行，可单击分级显示符号 1 2 3 。其中，第1级包含所有明细数据行的总销售额，第2级包含每个区域中每个月的总销售额，第3级包含明细数据行（当前仅显示第11个到第13个明细数据行）。要展开或折叠分级显示中的明细数据，可以单击 ➕ 和 ➖ 分级显示符号。

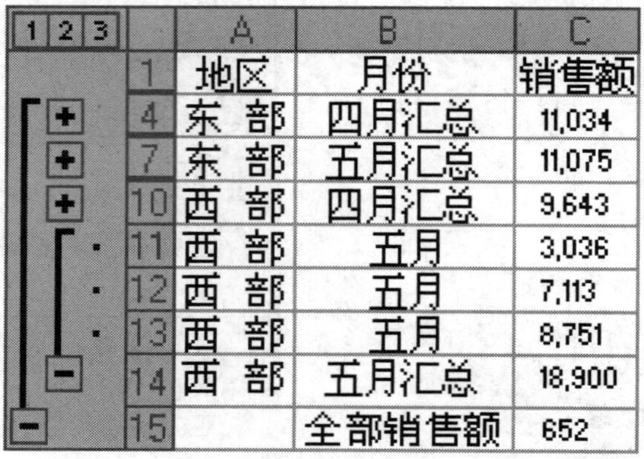

1 2 3		A	B	C
	1	地区	月份	销售额
➕	4	东 部	四月汇总	11,034
➕	7	东 部	五月汇总	11,075
➕	10	西 部	四月汇总	9,643
·	11	西 部	五月	3,036
·	12	西 部	五月	7,113
·	13	西 部	五月	8,751
➖	14	西 部	五月汇总	18,900
➖	15		全部销售额	652

图7-18

（1）显示或隐藏分级显示。

在对数据进行分类汇总后，如果没有看到分级显示符号 1 2 3 、➕ 和 ➖，则在"文件"选项卡下单击"选项"按钮，在打开的"Excel选项"对话框中选择"高级"选项卡，然后在"此工作表的显示选项"部分，选择工作表，选中"如果应用了分级显示，则显示分级显示符号"复选框，如图7-19所示，单击"确定"按钮。这样就可以通过单击分级显示符号 1 2 3 中的最大数字来显示所有数据。

图7-19

如果想要隐藏分级显示，只需重复以上的步骤，然后取消选中"如果应用了分级显示，则显示分级显示符号"复选框。

（2）删除分级显示。

单击工作表，在"数据"选项卡下的"分级显示"组中，单击"取消组合"下拉按钮，在其下拉列表中选择"清除分级显示"选项，如图7-20所示。

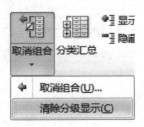

图7-20

如果行或列仍然处于隐藏状态，则拖拽隐藏的行和列两侧的可见行标题或列标题，在"开始"选项卡下的"单元格"组中，单击"格式"下拉按钮，在其下拉列表中选择"隐藏和取消隐藏"选项，在其下拉列表中执行"取消隐藏行"或"取消隐藏列"命令，如图7-21所示。

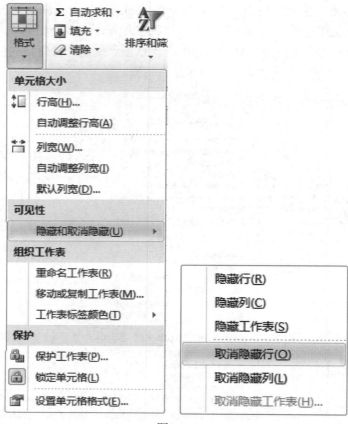

图7-21

使用条件格式

Excel 2010提供条件格式帮助用户直观地查看和分析数据、发现关键问题以及识别模式和趋势。对单元格区域、Excel 表格或数据透视表应用条件格式，易于达到以下效果：突出显示所关注的单元格或单元格区域，强调异常值，使用数据条、色阶和图标集来直观显示数据。条件格式基于条件更改单元格区域的外观，使用条件格式可以更方便地查找单元格区域中的特定单元格，例如，在一个按类别排序的库存工作表中，可以用黄色突出显示现有量少于 10个的产品。

1. 对文本、数字或日期等进行快速格式化

选择区域、表或数据透视表中的一个或多个单元格，在"开始"选项卡下的"样式"组中，单击"条件格式"下拉按钮，在弹出的下拉列表中选择"突出显示单元格规则"选项。在其下拉列表中选择所需的命令，如"介于"、"文本包含"或"发生日期"等。输入要使用的值，然后选择格式，如图7-22所示。

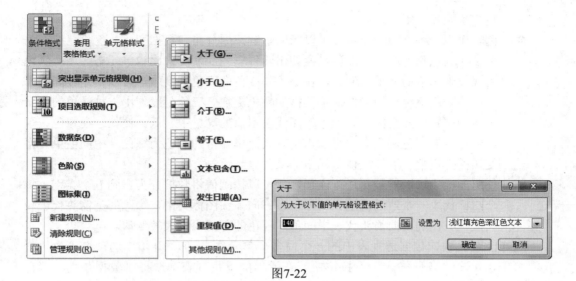

图7-22

也可以使用"条件格式"下拉列表中的"项目选取规则"查找指定的数值。选择区域、表或数据透视表中的一个或多个单元格。在"开始"选项卡的"样式"组中，单击"条件格式"下拉按钮，在弹出的下拉列表中选择"项目选取规则"选项。在其下拉列表中选择所需的命令，如"值最大的10项"、"值最小的10%项"或"高于平均值"等。输入要使用的值，然后选择格式，如图7-23所示。

图7-23

2．使用数据条、色阶和图标集设置格式

在Excel 2010中可以使用数据条、色阶和图标集为单元格设置条件格式。

● 数据条可帮助查看某个单元格相对于其他单元格的值。数据条的长度代表单元格中的值。数据条越长，表示值越高；数据条越短，表示值越低。在观察大量数据（如节假日销售报表中最畅销和最滞销的玩具）中的较高值和较低值时，数据条尤其有用。

● 色阶作为一种直观的指示，可以帮助了解数据分布和数据变化。色阶包括双色刻度和三色刻度两种。双色刻度使用两种颜色的渐变来比较单元格区域。颜色的深浅表示值的高低。例如，在绿色和红色的双色刻度中，可以指定较高值单元格的颜色更绿，而较低值单元格的颜色更红。三色刻度使用三种颜色的渐变来帮助比较单元格区域。颜色的深浅表示值的高、中、低。例如，在绿色、黄色和红色的三色刻度中，可以指定较高值单元格的颜色为绿色，中间值单元格的颜色为黄色，而较低值单元格的颜色为红色。

● 使用图标集可以对数据进行注释，并可以按阈值将数据分为三到五个类别。每个图标代表一个值的范围。例如，在三向箭头图标集中，绿色的上箭头代表较高值，黄色的横向箭头代表中间值，红色的下箭头代表较低值。

选择区域、表或数据透视表中的一个或多个单元格。在"开始"选项卡下的"样式"组中，单击"条件格式"下拉按钮，在弹出的下拉列表中选择"数据条"、"色阶"或"图标集"选项，在相应子列表中选择需要的条件格式。

3．清除条件格式

选择要清除条件格式的单元格区域、表或数据透视表，在"开始"选项卡下的"样式"组中，单击"条件格式"下拉按钮，在弹出的下拉列表中选择"清除规则"选项。在其子列表中选择需要清除的规则，如图7-24所示。

图7-24

7.3 公式的使用

公式是单元格中的一系列值、单元格引用、名称或运算符的组合，可生成新的值。是对工作表中的值执行计算的等式。公式始终以等号（=）开头。

使用常量和计算运算符可以创建简单公式。例如，公式"=6+7*3"，Excel 2010遵循标准数学运算顺序，在这个示例中，将先执行乘法运算"7*3"，然后再将6添加到其结果中。在公式中可以引用工作表单元格中的数据，例如，单元格引用A5返回该单元格的值或在计算中使用该值。也可以使用函数创建公式。每个函数都有特定的参数语法。例如，公式"=SUM(A1:A2)"和"=SUM(A1,A2)"都使用SUM函数将单元格A1和A2中的值相加。

7.3.1 计算运算符和优先级

运算符用于指定要对公式中的元素执行的计算类型。计算时有一个默认的次序，但可以使用括号更改计算次序。

1．运算符类型

计算运算符分为4种不同类型：算术、比较、文本连接和引用。

（1）算术运算符。

若要完成基本的数学运算（如加减乘除）、合并数字以及生成数值结果，则使用表7-2所示的算术运算符。

表7-2

算术运算符	含义	示例
+（加号）	加法	3+3
－（减号）	减法 负数	3－1 －1
*（星号）	乘法	3*3
/（正斜杠）	除法	3/3
%（百分号）	百分比	20%
^（脱字号）	乘方	3^2

（2）比较运算符。

可以使用表7-3所示的运算符比较两个值。当用运算符比较两个值时，结果为逻辑值TRUE或FALSE。

表7-3

比较运算符	含义	示例
=（等号）	等于	A1=B1
>（大于号）	大于	A1>B1
<（小于号）	小于	A1<B1
>=（大于等于号）	大于等于	A1>=B1
<=（小于等于号）	小于等于	A1<=B1
<>（不等号）	不等于	A1<>B1

（3）文本连接运算符。

可以使用与号（&）连接一个或多个文本字符串，以生成一段文本，如表7-4所示。

表7-4

文本运算符	含义	示例
&（与号）	将两个文本值连接或串起来产生一个连续的文本值	（"/n" & "/n"）

（4）引用运算符。

可以使用如表7-5所示的运算符对单元格区域进行合并计算。

表7-5

引用运算符	含义	示例
:（冒号）	区域运算符，生成对两个引用之间的所有单元格的引用，包括这两个引用	B5:B15
,（逗号）	联合运算符，将多个引用合并为一个引用	SUM(B5:B15,D5:D15)
（空格）	交叉运算符，生成对两个引用共同的单元格的引用	B7:D7 C6:C8

2．公式运算的次序

在某些情况中，执行计算的次序会影响公式的返回值。因此，了解如何确定计算次序以及如何更改次序以获得所需结果非常重要。

（1）计算次序。

公式按特定次序计算值。Excel中的公式始终以等号（=）开头，这个等号告诉Excel随后的字符组成一个公式。等号后面是要计算的元素（即操作数），各操作数之间由运算符分隔。Excel按照公式中每个运算符的特定次序从左到右计算公式。

（2）运算符优先级。

如果一个公式中有若干个运算符，Excel将按照表7-6所示的次序进行计算。如果一个公式中的若干个运算符具有相同的优先顺序（例如，一个公式中既有乘号又有除号），Excel将从左到右进行计算。

表7-6

运算符	说明
:（冒号） （单个空格） ,（逗号）	引用运算符
–	负数（如–1）
%	百分比
^	乘方
*和/	乘和除
+和–	加和减
&	连接两个文本字符串（串连）
= < > < = > = < >	比较运算符

（3）使用括号。

若要更改求值的顺序，要将公式中先计算的部分用括号括起来。例如，"=6+7*3"，这个公式的结果是27，因为Excel先进行乘法运算后再进行加法运算。将7与3相乘，然后再加上6，即得到结果。但是，如果用括号对该语法进行更改，如"=(6+7)*3"，Excel将先求出6加7之和，再用结果乘以3得39。

7.3.2 创建公式

在工作表中，可以输入简单公式对两个或更多个数值进行加、减、乘、除运算。也可以输入一个使用函数的公式，快速计算一系列值，而不用手动在公式中输入其中任何一个值。一旦创建公式之后，就可以将公式填充到相邻的单元格内，无需再三创建同一公式。

1. 使用常量和计算运算符创建简单公式

常量是不用计算的值。例如，日期2013-5-1、数字119，以及文本"销售量"都是常量。表达式或由表达式得出的结果不是常量。如果在公式中使用常量而不是对单元格的引用，则只有在手动更改公式时其结果才会更改。而运算符用于指定要对公式中的元素执行的计算类型，可以指定运算的顺序。

单击需输入公式的单元格，输入=（等号）。若要输入公式，执行下列任一操作，然后按Enter键。

● 输入要用于计算的常量和运算符，如表7-7所示。

表7-7

示例公式	执行的计算
=5+2	5加2
=5−2	5减2
=5/2	5除以2
=5*2	5乘以2
=5^2	5的2次方

● 单击包含要用于公式中的值的单元格，输入要使用的运算符，然后单击包含值的另一个单元格，如表7-8所示。

表7-8

示例公式	执行的计算
=A1+A2	将A1与A2中的值相加
=A1−A2	将单元格A1中的值减去A2中的值
=A1/A2	将单元格A1中的值除以A2中的值
=A1*A2	将单元格A1中的值乘以单元格A2中的值
=A1^A2	以单元格A1中的值作为底数，以A2中所指定的指数值作为乘方

2．使用单元格引用和名称创建公式

（1）引用的样式。

单元格引用是用于表示单元格在工作表上所处位置的坐标集。例如，显示在第A列和第3行交叉处的单元格，其引用形式为"A3"。引用的作用在于标识工作表上的单元格或单元格区域，并告知Excel在何处查找公式中所使用的数值或数据。通过引用，可以在一个公式中使用工作表不同部分中包含的数据，或者在多个公式中使用同一个单元格的数值。

默认情况下，Excel使用A1引用样式，此样式引用字母标识列以及数字标识行。这些字母和数字被称为行号和列标。若要引用某个单元格，则输入后跟行号的列标，如表7-9所示。

表7-9

若要引用	则使用
列A和行10交叉处的单元格	A10
在列A和行10到行20之间的单元格区域	A10:A20
在行15和列B到列E之间的单元格区域	B15:E15
行5中的全部单元格	5:5
行5到行10之间的全部单元格	5:10
列H中的全部单元格	H:H
列H到列J之间的全部单元格	H:J
列A到列E和行10到行20之间的单元格区域	A10:E20

（2）名称的类型。

名称是代表单元格、单元格区域、公式或常量值的单词或字符串。名称更易于理解，例如，"单价"可以引用难于理解的区域"Sales!C20:C30"。名称是一种有意义的简写形式，更便于了解单元格引用、常量、公式或表的用途，这些术语在最初都不易理解。表7-10所示信息说明名称的常见示例，可以更清楚地理解这些术语。

表7-10

示例类型	不带名称的示例	带名称的示例
引用	=SUM(C20:C30)	=SUM(FirstQuarterSales)
常量	=PRODUCT(A5,8.3)	=PRODUCT(Price,WASalesTax)
公式	=SUM(VLOOKUP(A1,B1:F20,5,FALSE),—G5)	=SUM(Inventory_Level,—Order_Amt)
表	C4:G36	=TopSales06

名称的类型主要包括：

● 已定义名称：代表单元格、单元格区域、公式或常量值的名称。可以创建自己的已定义名称，Excel有时（例如，设置打印区域时）也会创建已定义名称。

● 表名：Excel表的名称，Excel表是有关存储在记录（行）和字段（列）中特定对象的数据集。Excel会在每次插入Excel表时创建一个默认的Excel表名，如Table1、Table2等，也可以更改该名称，使其更有意义。

（3）创建和输入名称。

创建名称的方法主要有3种：

方法1：使用编辑栏上的"名称"文本框，如图7-25所示。这最适用于为选定的区域创建工作簿级别的名称。

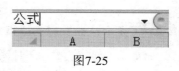

图7-25

方法2：从选定区域创建名称，如图7-26所示。可以使用工作表中选定的单元格根据现有的行和列标签方便地创建名称。

方法3：使用"新建名称"对话框，如图7-27所示。希望更灵活地创建名称（如指定本地工作表级别的范围或创建名称批注）时，此方法最适合。

图7-26

图7-27

在默认状态下，名称使用绝对单元格引用，即公式中单元格的精确地址，与包含公式的单元格的位置无关。绝对引用采用的形式为A1。

输入名称的方法也有3种：

方法1：输入名称。例如，将名称作为公式的参数输入。

方法2：使用公式记忆式输入。使用"公式记忆式输入"下拉列表，该列表中自动列出了有效的名称。

方法3：从"用于公式"命令中选择。在"公式"选项卡下的"已定义名称"组中，从"用于公式"命令的可用列表中选择已定义的名称，如图7-28所示。

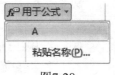

图7-28

（4）使用单元格引用和名称创建公式。

单击需输入公式的单元格，在编辑栏中，输入=（等号）。然后执行以下任一操作，按Enter键完成创建。

● 若要创建引用，先选择一个单元格、单元格区域或另一个工作表或工作簿中的位置，拖拽所选单元格的边框来移动选定区域，或者拖拽边框上的角来扩展选定区域，如图7-29所示。

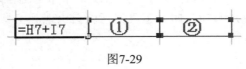

图7-29

① 单元格引用是H7，为蓝色，单元格区域有一个带有方角的蓝色边框。

② 单元格引用是I7，为绿色，单元格区域有一个带有方角的绿色边框。

提示：如果彩色边框上没有方角，则引用命名区域。

● 若要输入一个对命名区域的引用，则按F3键，在弹出的"粘贴名称"对话框中选择名称，然后单击"确定"按钮，如图7-30和表7-11所示。

图7-30

表7-11

示例公式	执行的计算
=C2	使用单元格C2中的值
=Sheet2!B2	使用Sheet2上单元格B2中的值
=资产-债务	从名为"资产"的单元格的值中减去名为"债务"的单元格的值

3．使用函数创建公式

函数是预先编写的公式，可以对一个或多个值执行运算，并返回一个或多个值。函数可以简化和缩短工作表中的公式，尤其在用公式执行很长或复杂的计算时。

（1）函数的语法。

以图7-31所示的ROUND函数为例说明函数的语法。

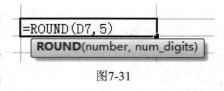

图7-31

● 结构：函数的结构以等号（=）开始，后面紧跟函数名称和左括号，然后以逗号分隔输入该函数的参数，最后是右括号。

● 函数名称：如果要查看可用函数的列表，可单击一个单元格并按Shift+F3组合键。

● 参数：参数可以是数字、文本、TRUE或FALSE等逻辑值、数组、错误值（如"#N/A"）或单元格引用。指定的参数都必须为有效参数值。参数也可以是常量、公式或其他函数。

● 参数工具提示：在输入函数时，会出现一个带有语法和参数的工具提示。例如，输入"=ROUND("时，工具提示就会出现。工具提示只在使用内置函数时出现。

（2）输入函数。

如果创建带函数的公式，"插入函数"对话框则有助于输入工作表函数。在公式中输入函数时，"插入函数"对话框将显示函数的名称、各参数、函数及各参数的说明、函数的当前结果以及整个公式的当前结果，如图7-32所示。

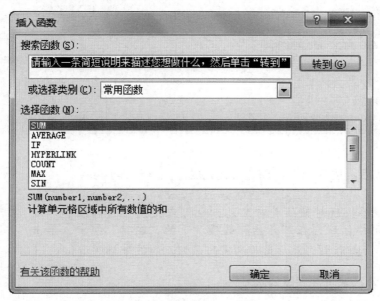

图7-32

为了便于创建和编辑公式，同时尽可能减少输入和语法错误，可以使用公式记忆式输入。当输入=（等号）和开头的几个字母或显示触发字符之后，Excel会在单元格的下方显示一个动态下拉列表，该列表中包含与这几个字母或该触发字符相匹配的有效函数、参数和名称。然后可以将该下拉列表中的一项插入公式中，如图7-33所示。

（3）使用函数创建公式。

单击需输入公式的单元格，若要使公式以函数开始，单击"公式"选项卡下"函数库"组中的"插入函数"按钮，打开"插入函数"对话框，选择要使用的函数。也可以在"搜索函数"文本框中输入对需要解决的问题的说明（例如，输入"数值相加"将返回SUM函数），或者浏览"或选择类别"下拉列表框中的分类。

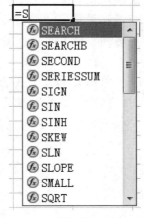

图7-33

选择要使用的函数后，单击"确定"按钮，打开"函数参数"对话框，输入参数。若要将单元格引用作为参数输入，则单击"折叠对话框"按钮以临时隐藏对话框，在工作表上选择单元格，然后单击"展开对话框"按钮，如图7-34所示。

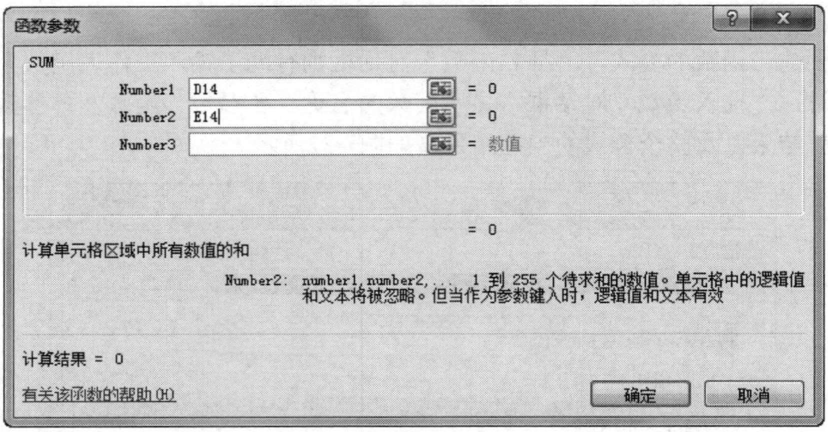

图7-34

输入公式后，按Enter键，创建公式完成。

提示：要快速对数值进行汇总，也可以使用"自动求和"命令。选中单元格区域，在"开始"选项卡下的"编辑"组中，单击"自动求和"下拉按钮，然后选择所需的函数，如图7-35所示。

图7-35

4．使用公式编辑器创建公式

要在工作表上提供公式，也可以使用公式编辑器将公式作为对象来插入或编辑。生成公式的方法是从"公式"工具栏中选择符号并输入变量和数字。"公式"工具栏的最上面一行提供了150多种数学符号供选择。最下面一行提供了包含分数、积分以及求和等符号的各种模板或框架供选择。

（1）插入公式。

单击要插入公式的位置，在"插入"选项卡下的"文本"组中，单击"对象"按钮，打开"对象"对话框，选择"新建"选项卡，如图7-36所示。

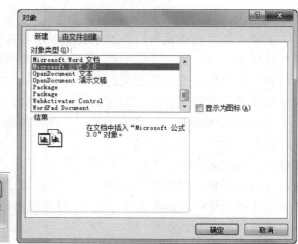

图7-36

在"对象类型"列表框中，选择"Microsoft 公式 3.0"选项，然后单击"确定"按钮。打开"公式"工具栏，使用工具栏上的选项编辑公式，如图7-37所示。完成后，单击空单元格返回Excel。

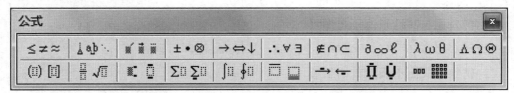

图7-37

（2）编辑公式。

双击要编辑的公式对象，使用"公式"工具栏上的选项编辑公式。完成后，单击空单元格返回Excel。

7.3.3 移动或复制公式

通过剪切和粘贴操作来移动公式，或者通过复制和粘贴操作来复制公式时，无论单元格引用是绝对引用还是相对引用，都要注意它们所发生的变化。

● 在移动公式时，无论使用哪种单元格引用，公式内的单元格引用不会更改。

● 在复制公式时，单元格引用会根据所用单元格引用的类型而变化。

1．移动公式

选择包含要移动的公式的单元格，在"开始"选项卡下的"剪贴板"组中，单击"剪切"按钮。

● 若要粘贴公式和所有格式，则在"开始"选项卡下的"剪贴板"组中，单击"粘贴"按钮。

● 若只粘贴公式，则在"开始"选项卡下的"剪贴板"组中，单击"粘贴"按钮，再选择"选择性粘贴"选项，然后选中"公式"单选按钮。

也可通过将所选单元格的边框拖拽到粘贴区域左上角的单元格上来移动公式。这将替换现有的任何数据。

2．复制公式

选择包含需要复制的公式的单元格，在"开始"选项卡下的"剪贴板"组中，单击"复制"按钮。

● 若要粘贴公式和所有格式，则在"开始"选项卡下的"剪贴板"组中单击"粘贴"按钮。

● 若只粘贴公式，则在"开始"选项卡下的"剪贴板"组中，单击"粘贴"按钮，再选择"选择性粘贴"选项，然后选中"公式"单选按钮。

● 若只粘贴公式结果，则在"开始"选项卡下的"剪贴板"组中，单击"粘贴"按钮，再选择"选择性粘贴"选项，然后选中"数值"单选按钮。

7.3.4 删除公式

删除公式时，该公式的结果值也会被删除。但是，可以改为仅删除公式，而保留单元格中所显示的公式的结果值。

1．将公式与其结果值一起删除

选择包含公式的单元格或单元格区域，按Delete键即可删除。

2．删除公式而不删除其结果值

选择包含公式的单元格或单元格区域，在"开始"选项卡下的"剪贴板"组中，单击"复制"按钮。然后在"开始"选项卡下的"剪贴板"组中，单击"粘贴"下拉按钮，选择"粘贴数值"选项，如图7-38所示。

图7-38

7.4 数据透视表的使用

数据透视表是一种可以快速汇总大量数据的交互式方法。使用数据透视表可以汇总、分析、浏览和提供汇总数据，以便简捷、生动、全面地对数据进行处理与分析。在数据透视表中，源数据中的每列或每个字段都成为汇总多行信息的数据透视表字段。

7.4.1 创建数据透视表

1．创建数据透视表

若要创建数据透视表，必须连接到一个数据源，并输入报表的位置。创建一个数据透视表的具体操作步骤如下：

（1）单击单元格区域中的一个单元格。

● 若要将工作表数据用作数据源，则单击包含该数据的单元格区域内的一个单元格。

● 若要将Excel表格中的数据用作数据源，则单击该Excel表格中的一个单元格。

提示：确保该区域具有列标题或表中显示了标题，并且该区域或表中没有空行。

（2）在"插入"选项卡下的"表格"组中，单击"数据透视表"下拉按钮，然后选择"数据透视表"选项，打开"创建数据透视表"对话框，如图7-39所示。

（3）选择需要分析的数据，选中"选择一个表或区域"单选按钮，在"表/区域"文本框中输入单元格区域或表名引用，如"==QuarterlyProfits"。如果在启动向导之前选定了单元格区域中的一个单元格或者插入点位于表中，Excel会在"表/区域"文本框中显示单元格区域或表名引用。或者单击"折叠对话框"按钮 进行单元格区域引用。

（4）选择放置数据透视表的位置。

● 若要将数据透视表放在新工作表中，并以单元格A1为起始位置，则选中"新工作表"单选按钮。

图7-39

● 若要将数据透视表放在现有工作表中，则选中"现有工作表"单选按钮，然后指定要放置数据透视表的单元格区域的第一个单元格。或者单击"折叠对话框"按钮 进行单元格区域引用。

（5）单击"确定"按钮，Excel会将空的数据透视表添加至指定位置并显示数据透视表字段列表，可以从中添加字段、创建布局以及自定义数据透视表，如图7-40所示。

图7-40

2．创建字段布局

创建数据透视表后，可以使用数据透视表字段列表来添加字段。如果要更改数据透视表，可以使用该字段列表来重新排列和删除字段。默认情况下，数据透视表字段列表显示两部分：上方的字段部分用于添加和删除字段，下方的布局部分用于重新排列和重新定位字段。可以将数据透视表字段列表停靠在窗口的任意一侧，然后沿水平方向调整其大小；也可以取消停靠数据透视表字段列表，此时既可以沿垂直方向也可以沿水平方向调整其大小，如图7-41和表7-12所示。

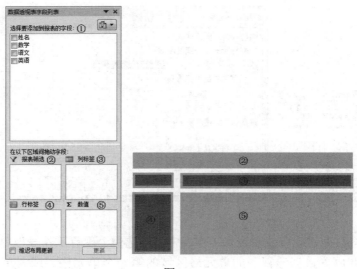

图7-41

表7-12

数据透视表	说　明
报表筛选	用于基于报表筛选中的选定项来筛选整个报表
数值	用于显示汇总数值数据
行标签	用于将字段显示为报表侧面的行，位置较低的行嵌套在紧靠它上方的另一行中
列标签	用于将字段显示为报表顶部的列，位置较低的列嵌套在紧靠它上方的另一列中

（1）添加字段。

要将字段添加到报表，只需右击字段名称，在弹出的快捷菜单中选择相应的命令："添加到报表筛选"、"添加到行标签"、"添加到列标签"和"添加到值"，以将该字段放置在布局部分中的某个特定区域中，如图7-42所示。或者单击并按住字段名，然后在字段与布局部分之间以及不同的区域之间移动该字段。

图7-42

若在字段部分中选中各字段名称旁边的复选框，字段则放置在布局部分的默认区域中，也可在需要时重新排列这些字段。默认情况下，非数值字段会被添加到"行标签"区域，数值字段会被添加到"数值"区域，而OLAP日期和时间层次会被添加到"列标签"区域。

（2）重新排列字段。

可以通过使用布局部分底部的4个区域之一来重新排列现有字段或重新放置那些字段，单击区域之一中的字段名，然后从图7-43所示的快捷菜单中选择相应的选项。也可以单击并按住字段名，然后在字段与布局部分之间以及不同的区域之间移动该字段。

图7-43

（3）删除字段。

要删除字段，只需在任一布局区域中右击字段名称，然后在其快捷菜单中执行"删除字段"命令；或者取消选中字段部分中各个字段名称旁边的复选框。也可以在布局部分中将字段名拖拽到数据透视表字段列表之外。

7.4.2 编辑数据透视表

　　创建数据透视表、添加字段后，可能还需要增强报表的布局
和格式，以提高可读性并且使其更具吸引力。

1. 更改窗体布局和字段排列

　　若要对报表的布局和格式进行重大更改，可以将整个报表组
织为压缩、大纲或表格3种形式，也可以添加、重新组织和删除字
段，以获得所需的最终结果。

　　（1）更改数据透视表形式。

　　数据透视表的形式有压缩、大纲或表格3种。要更改数据透视表
的形式，选择数据透视表。然后在"设计"选项卡下的"布局"组
中，单击"报表布局"下拉按钮，弹出如图7-44所示的下拉列表。

图7-44

- 以压缩形式显示：用于使有关数据在屏幕上水平折叠并帮助
  最小化滚动。侧面的开始字段包含在一个列中，并且缩进以显示嵌套的列关系。
- 以大纲形式显示：用于以经典数据透视表样式显示数据大纲。
- 以表格形式显示：用于以传统的表格格式查看所有数据并且方便地将单元格复
  制到其他工作表。

　　（2）更改字段形式。

　　字段的形式也是压缩、大纲或表格3种。要更改字段的形式，选择行字段，然后在
"选项"选项卡下的"活动字段"组中，单击"字段设置"按钮，打开"字段设置"对
话框，如图7-45所示。

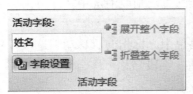

图7-45

单击"布局和打印"选项卡，在"布局"区域下，若以大纲形式显示字段项，选中"以大纲形式显示项目标签"单选按钮即可；若以压缩形式显示或隐藏同一列中下一字段的标签，先选中"以大纲形式显示项目标签"单选按钮，然后选中"在同一列中显示下一字段的标签(压缩表单)"复选框；若以类似于表格的形式显示字段项，则选中"以表格形式显示项目标签"单选按钮。

2．更改列、行和分类汇总的布局

若要进一步优化数据透视表的布局，可以执行影响列、行和分类汇总的更改，如在行上方显示分类汇总或关闭列标题，也可以重新排列一行或一列中的各项。

（1）打开或关闭列和行字段标题。

选择数据透视表，若要在显示和隐藏字段标题之间切换，可在"选项"选项卡下的"显示"组中，单击"字段标题"按钮，如图7-46所示。

（2）在行的上方或下方显示分类汇总。

选择行字段，然后在"选项"选项卡下的"活动字段"组中，单击"字段设置"按钮，打开"字段设置"对话框。单击"分类汇总和筛选"选项卡，在"分类汇总"区域，选中"自动"或"自定义"单选按钮，如图7-47所示。

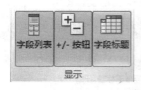

图7-46   图7-47

在"布局和打印"选项卡下的"布局"区域，选中"以大纲形式显示项目标签"单选按钮。若要在已分类汇总的行上方显示分类汇总，则需选中"在每个组顶端显示分类汇总"复选框；若要在已分类汇总的行下方显示分类汇总，则取消选中。

（3）更改行或列项的顺序。

右击行和列标签或标签中的项，在弹出的快捷菜单中光标指向"移动"选项，然后选择"移动"菜单上的命令选项移动该项。选择"将 <字段名称> 移至行"或"将 <字段名称> 移至列"选项，可以将列移动到行标签区域中，或将行移动到列标签区域中，如图7-48所示。

也可以选择行或列标签项，然后指向单元格的底部边框。当鼠指针变为箭头时，将该项目移动到新位置，如图7-49所示。

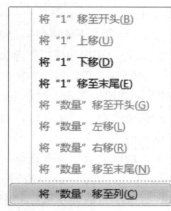

图7-48　　　　　　　　　　　　　　　　　　　图7-49

（4）合并或取消合并外部行和列项的单元格。

在数据透视表中，可以合并行和列项的单元格，以便将该项水平和垂直居中；也可以取消合并单元格，以便向左调整项目组顶部的外部行和列字段中的项。

选择数据透视表，在"选项"选项卡下的"数据透视表"组中，单击"选项"按钮，打开"数据透视表选项"对话框，如图7-50所示。

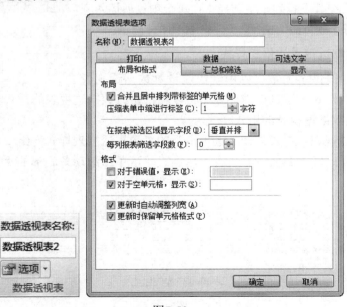

图7-50

若要合并或取消合并外部行和列项的单元格，只需在"布局和格式"选项卡下的"布局"选项区域，选中或取消选中"合并且居中排列带标签的单元格"复选框即可。

提示：不能在数据透视表中使用"对齐"选项卡下的"合并单元格"复选框。

3. 更改空单元格、空白行和错误的显示方式

有时，数据中可能含有空单元格、空白行或错误，可以调整报表的默认行为。

（1）更改错误和空单元格的显示方式。

选择数据透视表，在"选项"选项卡下的"数据透视表"组中，单击"选项"按钮，打开"数据透视表选项"对话框。在"布局和格式"选项卡下的"格式"选项区域中：

- 更改错误显示：选中"对于错误值，显示"复选框，然后在其后的文本框中，输入要替代错误显示的值。若将错误显示为空单元格，则删除文本框中的所有字符。
- 更改空单元格显示：选中"对于空单元格，显示"复选框，然后在其后的文本框中，输入要在空单元格中显示的值。若显示空白单元格，则删除文本框中的所有字符。若显示零，则取消选中该复选框。

（2）显示或隐藏空白行。

在数据透视表里，可以在行或项目后显示或隐藏空白行。

在行后显示或隐藏空白行，需要选择行字段，然后在"选项"选项卡下的"活动字段"组中，单击"字段设置"按钮，打开"字段设置"对话框。要添加或删除空白行，在"布局和打印"选项卡下的"布局"选项区域中，选中或取消选中"在每个项目标签后插入空行"复选框即可。

在项目后显示或隐藏空白行，需要在数据透视表中选择项目，在"设计"选项卡下的"布局"组中，单击"空行"下拉按钮，然后在其下拉列表中选择"在每个项目后插入空行"或"删除每个项目后的空行"选项，如图7-51所示。

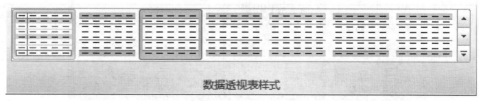

图7-51

4. 更改数据透视表的格式样式

Excel 2010提供了大量可以用于快速设置数据透视表格式的预定义表样式，通过使用样式库可以轻松更改数据透视表的样式。

（1）更改数据透视表的格式样式。

选择数据透视表，在"设计"选项卡下的"数据透视表样式"组中，单击"可见样式"按钮浏览样式库。若要查看所有可用样式，可单击滚动条底部的"其他"按钮，如图7-52所示。

图7-52

　　如果已经显示了所有可用样式并且希望创建自己的自定义数据透视表样式，可以执行库底部的"新建数据透视表样式"命令，以打开"新建数据透视表快速样式"对话框，如图7-53所示。执行库底部的"清除"命令，可以删除数据透视表中的所有格式设置。

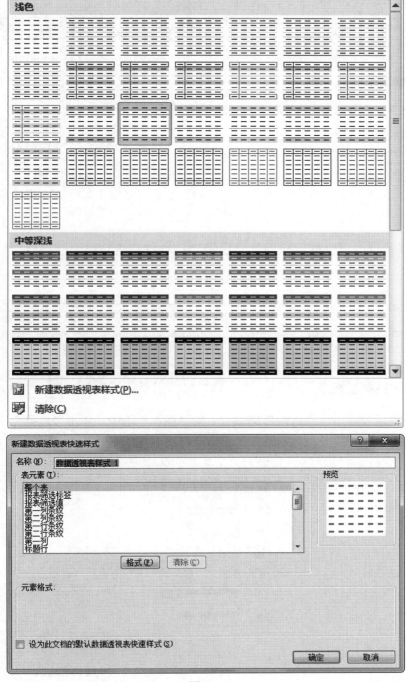

图7-53

199

（2）更改字段的数字格式。

在数据透视表中，选择指定字段。在"开始"选项卡下的"单元格"组中，单击"格式"下拉按钮，在弹出的下拉列表中执行"设置单元格格式"命令。打开"设置单元格格式"对话框，在"数字"选项卡下的"分类"列表中，单击指定的格式类别，选择所需的格式选项，单击"确定"按钮，如图7-54所示。

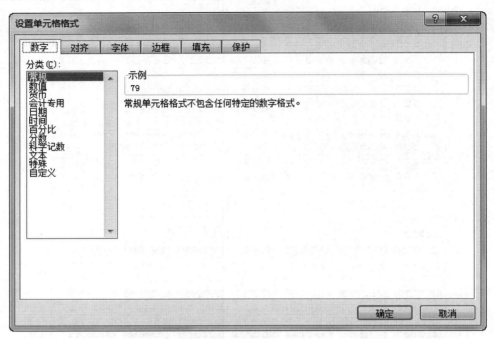

图7-54

7.4.3 删除数据透视表

选择数据透视表，在"选项"选项卡下的"操作"组中，单击"选择"下拉按钮，在其下拉列表中执行"整个数据透视表"命令，然后按Delete键，如图7-55所示。

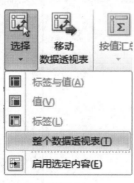

图7-55

7.5　样题解答

　随书光盘中提供了本样题的操作视频。

执行"文件"→"打开"命令，在"查找范围"文本框中找到指定路径，选择A7.xlsx文件，单击"打开"按钮。

1．数据的查找与替换

第1步：在Sheet1工作表中，单击"开始"选项卡下"编辑"组中的"查找和选择"按钮，在弹出的下拉列表中执行"替换"命令，如图7-56所示。

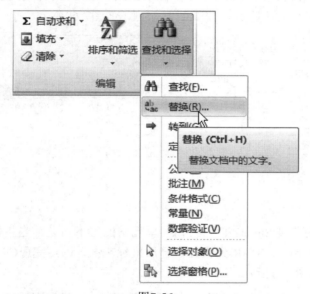

图7-56

第2步：弹出"查找和替换"对话框，在"查找内容"文本框中输入"88"，在"替换为"文本框中输入"80"，单击"全部替换"按钮，如图7-57所示。

图7-57

第3步：Sheet1工作表中的所有数值88均被替换为80，并弹出确认对话框，单击该对话框中的"确定"按钮，如图7-58所示。最后，关闭"查找和替换"对话框即可。

2．公式、函数的应用

第4步：在Sheet1工作表中选中G3单元格，单击"开始"选项卡下"编辑"组中

"自动求和"下拉按钮，在弹出的下拉列表中执行"求和"命令，如图7-59所示。

图7-58 　　　　　　　　　　　　图7-59

第5步：在Sheet1工作表的G3单元格中会自动插入SUM求和函数，根据试题要求调整求和区域为C3:F3单元格区域，按Enter键即可，如图7-60所示。

	A	B	C	D	E	F	G	H
1	恒大中学高二考试成绩表							
2	姓名	班级	语文	数学	英语	政治	总分	
3	李平	高二（一）班	72	75	69	80	=SUM(C3:F3)	
4	麦孜	高二（二）班	85	80	73		SUM(number1, [number2], ...)	
5	张江	高二（一）班	97	83	89	80		
6	王硕	高二（三）班	76	80	84	82		
7	刘梅	高二（三）班	72	75	69	63		
8	江海	高二（一）班	92	86	74	84		
9	李朝	高二（三）班	76	85	84	83		
10	许如润	高二（一）班	87	83	90	80		

图7-60

第6步：将光标置于Sheet1工作表中G3单元格的右下角处，当指针变为➕形状时，按住鼠标左键不放拖拽至G14单元格处，释放鼠标左键，即可完成G3:G14单元格函数的复制填充操作，如图7-61所示。

	A	B	C	D	E	F	G
1	恒大中学高二考试成绩表						
2	姓名	班级	语文	数学	英语	政治	总分
3	李平	高二（一）班	72	75	69	80	296
4	麦孜	高二（二）班	85	80	73	83	
5	张江	高二（一）班	97	83	89	80	
6	王硕	高二（三）班	76	80	84	82	
7	刘梅	高二（三）班	72	75	69	63	
8	江海	高二（一）班	92	86	74	84	
9	李朝	高二（三）班	76	85	84	83	
10	许如润	高二（一）班	87	83	90	80	
11	张玲铃	高二（三）班	89	67	92	87	
12	赵丽娟	高二（二）班	76	67	78	97	
13	高峰	高二（二）班	92	87	74	84	
14	刘小丽	高二（三）班	76	67	90	95	
15	各科平均分						

图7-61

第7步：在Sheet1工作表中选中C15单元格，单击"开始"选项卡下"编辑"组中"自动求和"下拉按钮，在弹出的下拉列表中执行"平均值"命令，该单元格中会自动插入AVERAGE求平均值函数，根据试题要求调整求平均值区域为C3:C14单元格区域，按下Enter键即可。

第8步：将光标置于Sheet1工作表中C15单元格的右下角处，当指针变为╋形状时，按住鼠标左键不放拖拽至F15单元格处，释放鼠标左键，即可完成C15:F15单元格函数的复制填充操作。

3．基本数据分析

（1）数据排序及条件格式的应用：

第9步：在Sheet2工作表中，选定数据区域的任意单元格，单击"开始"选项卡下"编辑"组中的"排序和筛选"按钮，在弹出的下拉列表中执行"自定义排序"命令，如图7-62所示。

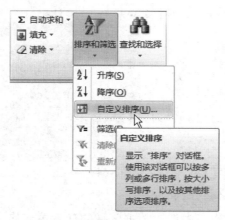

图7-62

第10步：在弹出的"排序"对话框中，单击"添加条件"按钮，下方显示区域会增加"次要关键字"列。在"主要关键字"下拉列表中选择"总分"选项，在"次要关键字"下拉列表中选择"数学"选项，在"次序"下拉列表中均选择"升序"选项，单击"确定"按钮，如图7-63所示。

图7-63

第11步：在Sheet2工作表中选中C3:F14单元格区域，单击"开始"选项卡下"样式"组中的"条件格式"按钮，在弹出的下拉列表中选择"图标集"选项下的"四等级"条件格式，如图7-64所示。

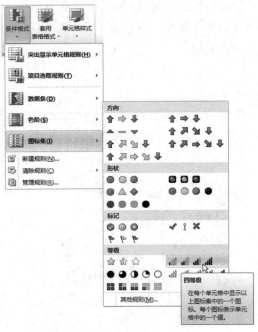

图7-64

（2）数据筛选。

第12步：在Sheet3工作表中选定数据区域的任意单元格，单击"开始"选项卡下"编辑"组中的"排序和筛选"按钮，在弹出的下拉列表中执行"筛选"命令，即可在每个列字段后出现一个下拉按钮。单击"语文"后的下拉按钮，在打开的下拉列表框中执行"数字筛选"选项下的"大于或等于"命令，如图7-65所示。

图7-65

第13步：打开"自定义自动筛选方式"对话框，在右侧的文本框中输入"80"，单击"确定"按钮即可，如图7-66所示。使用相同的方法将其他几科的分数"大于或等于80"的记录筛选出来。

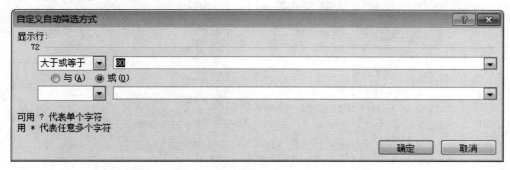

图7-66

（3）合并计算。

第14步：在Sheet4工作表中选中I3单元格，单击"数据"选项卡下"数据工具"组中的"合并计算"按钮，如图7-67所示，打开"合并计算"对话框。在"函数"下拉列表中选择"平均值"选项，单击"引用位置"文本框后面的折叠按钮，选定要进行合并计算的数据区域B3:F14并返回，勾选"最左列"复选框，如图7-68所示，单击"确定"按钮即可。

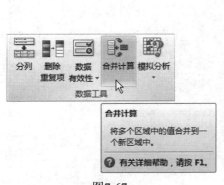

图7-67

图7-68

（4）分类汇总。

第15步：在Sheet5工作表中选中"班级"所在列的任意单元格，单击"开始"选项卡下"编辑"组中的"排序和筛选"按钮，在弹出的下拉列表中执行"降序"命令，将"班级"字段列进行降序排列。

第16步：在"数据"选项卡下的"分级显示"组中单击"分类汇总"按钮，如图7-69所示，打开"分类汇总"对话框。在"分类字段"下拉列表中选择"班级"选项，在"汇总方式"下拉列表中选择"平均值"选项，在"选定汇总项"列表中选中"语文"、"数学"、"英语"、"政治"四个选项，勾选"汇总结果显示在数据下方"复选框，如图7-70所示。最后，单击"确定"按钮即可。

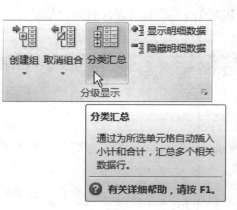

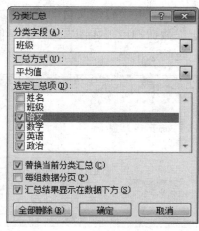

图7-69 　　　　　　　　　　　　　图7-70

4．数据的透视分析

第17步：在Sheet6工作表中选中A1单元格，单击"插入"选项卡下"表格"组中的"数据透视表"按钮，如图7-71所示，打开"创建数据透视表"对话框。单击"表/区域"文本框后面的折叠按钮，选择要分析的数据为"数据源"工作表中的A2:D23单元格区域并返回，如图7-72所示，单击"确定"按钮。

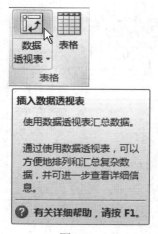

图7-71 　　　　　　　　　　　　　图7-72

第18步：在Sheet6工作表中，将自动创建新的空白数据透视表，表格右侧会显示"数据透视表字段列表"任务窗格。在"选择要添加到报表的字段"列表中拖动"班级"字段至"报表筛选"列表框中，将"姓名"字段拖动至"列标签"列表框中，将"日期"字段拖动至"行标签"列表框中，将"迟到"字段拖动至"数值"列表框中，如图7-73所示。

第19步：在"数据透视表字段列表"任务窗格的"数值"列表框中，单击"求和项：迟到"后面的下拉按钮，在打开的列表中执行"值字段设置"命令，如图7-74所

示。打开"值字段设置"对话框，在"计算类型"列表中选择"计数"选项，如图7-75
所示，单击"确定"按钮。

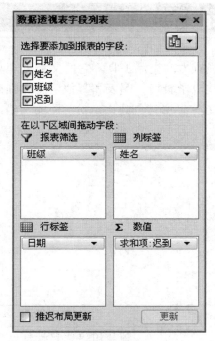

图7-73　　　　　　　　　　　　　　　　图7-74

第20步：根据试题样张调整显示项目，单击文本"班级（全部）"后面的下拉按钮，
在打开的列表中选择"高二（三）班"选项，如图7-76所示，单击"确定"按钮即可。

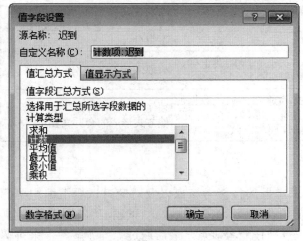

图7-75　　　　　　　　　　　　　　　　图7-76

第21步：执行"文件"→"保存"命令。

第八章　Word和Excel的进阶应用

Word是一个可使用户创建艺术性文档的强有力的交流工具，它的文字处理功能是不容置疑的，而Excel是一个可以帮助用户创建电子表格、图表和其他信息的强有力的数据分析工具，如果把这两个软件很好地结合起来，必能创建出一份一流的文档。

本章主要内容
● 选择性粘贴操作
● 文本和表格的相互转换
● 宏的应用
● 邮件合并操作

评分细则
本章有4个评分点，每题10分。

序号	评分点	分值	得分条件	判分要求
1	选择性粘贴	2	粘贴文档方式正确	须使用"选择性粘贴"技能点，其他方式粘贴不得分
2	文字转换成表格 表格转换成文字	2	行/列数、套用表格格式正确 表格转换完整、正确	须使用"将表格转换成文本"技能点，其他方式形成的表格不得分 须使用"将文本转换成表格"技能点，其他方式形成的文本不得分
3	记录（录制）宏	3	宏名、功能、快捷键正确，使用顺利	与要求不符不得分
4	邮件合并	3	主控文档建立正确，数据源使用完整、准确，合并后文档与操作要求一致	须使用"邮件合并"技能点，其他方式形成的合并文档不得分

本章导读
综上所述，我们明确了本章所要求掌握的技能考核点以及对应《试题汇编》单元的评分点、分值和判分要求等。下面先在"样题示范"中展示《试题汇编》中的一道真题，然后详细讲解本章中涉及到的知识点和技能考核点，最后通过"样题解答"来讲解这道真题的详细操作步骤。

8.1　样题示范

【练习目的】

从《试题汇编》中选取样题，了解本章题目类型，掌握本章重点技能点。

【样题来源】

《试题汇编》第八单元8.1题（随书光盘中提供了本样题的操作视频）。

【操作要求】

打开A8.docx，按下列要求操作。

1．选择性粘贴：

在Excel 2010中打开文件C:\2010KSW\DATA2\TF8-1A.xlsx，将工作表中的表格以"Microsoft Excel 工作表 对象"的形式粘贴至A8.docx文档中标题"恒大中学2010年秋季招生收费标准（元）"的下方，结果如【样文8-1A】所示。

2．文本与表格间的相互转换：

按【样文8-1B】所示，将"恒大中学各地招生站及联系方式"下的文本转换成3列7行的表格形式，固定列宽为4厘米，文字分隔位置为制表符；为表格自动套用"中等深浅底纹1 - 强调文字颜色4"的表格样式，表格对齐方式为居中。

3．录制新宏：

● 在Excel 2010中新建一个文件，在该文件中创建一个名为A8A的宏，将宏保存在当前工作簿中，用Ctrl+Shift+F作为快捷键，功能为在选定单元格内填入"5+7*20"的结果。

● 完成以上操作后，将该文件以"启用宏的工作簿"类型保存至考生文件夹中，文件名为A8-A。

4．邮件合并：

● 在Word 2010中打开文件C:\2010KSW\DATA2\TF8-1B.docx，以A8-B.docx为文件名保存至考生文件夹中。

● 选择"信函"文档类型，使用当前文档，使用文件C:\2010KSW\DATA2\ TF8-1C.xlsx中的数据作为收件人信息，进行邮件合并，结果如【样文8-1C】所示。

● 将邮件合并的结果以A8-C.docx为文件名保存至考生文件夹中。

【样文8-1A】

恒大中学 2010 年秋季招生收费标准（元）

学部	学费	书费	服装费	降温取暖费	伙食费	合计
小学全年	5000	150	200	150	1600	7100
小学半年	2500	75	200	75	800	3650
初中全年	5800	400	300	150		6650
初中半年	2900	200	300	75		3475
高中全年	5000	400	300	150		5850
高中半年	2500	200	300	75		3075

【样文8-1B】

恒大中学各地招生站及联系方式

招生站	地址	联系电话
川汇区	永安大厦 505 室	8286176
郸城	烟草宾馆 205 室	3218755
沈丘	良友宾馆 201 室	5102955
商水	烟草宾馆 302 室	5455469
西华	箕城宾馆 102 室	2531717
太康	县委招待所 212 室	6827309

【样文8-1C】

邮编：475443

寄：北京市海淀区 186 号

王霞　女士〈收〉

北京市海淀区中关村 168 号

邮政编码：100866

邮编：461400

寄：太康县中心小学

赵龙　先生〈收〉

北京市海淀区中关村 168 号

邮政编码：100866

邮编：464100

寄：河南郑州二七路 33 号

王凤　女士〈收〉

北京市海淀区中关村 168 号

邮政编码：100866

邮编：100081

寄：北京市海淀区学院路 88 号

赵庆　先生〈收〉

北京市海淀区中关村 168 号

邮政编码：100866

8.2　选择性粘贴操作

通过使用选择性粘贴，能够将剪贴板中的内容粘贴为不同于内容源的格式，即在粘贴内容时，不是全部粘贴内容的所有格式，而是有选择地进行粘贴，可以帮助用户自定义粘贴格式。例如，可以将剪贴板中的内容以图片、无格式文本、文档对象等方式粘贴到目标位置，如图8-1所示。

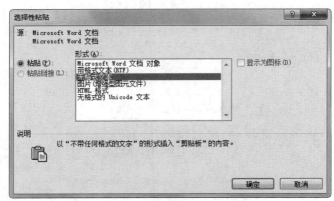

图8-1

"选择性粘贴"对话框中各组件的功能：

● 源：标明了复制内容来源的程序及其在磁盘上的位置，或者显示为"未知"。

● 粘贴：将复制内容嵌入到当前文档中，并断开与源程序的联系。

● 粘贴链接：将复制内容嵌入到当前文档中，同时建立与源程序的链接，源程序关于这部分内容的任何修改都会反映到当前文档中。

● 形式：在这个列表框中选择复制对象用什么样的形式插入到当前文档中。

● 显示为图标：将复制内容以源程序的图标形式插入到当前文档中。

● 说明：对形式内容进行说明。

8.2.1 Word文档内容的选择性粘贴

在Word 2010中使用"选择性粘贴"功能粘贴剪切板中内容的步骤如下：

（1）打开Word文档窗口，首先选择部分文本或对象，并执行"复制"或"剪切"命令。

（2）打开要粘贴内容的Word文档，在"开始"选项卡的"剪贴板"组中单击"粘贴"下拉按钮，在打开的下拉菜单中执行"选择性粘贴"命令或直接按Alt+Ctrl+V组合键，如图8-2所示。

（3）在打开的"选择性粘贴"对话框中选中"粘贴"单选按钮，然后在"形式"列表中选择一种粘贴格式，例如选择"无格式文本"选项，并单击"确定"按钮，如图8-3所示。

图8-2

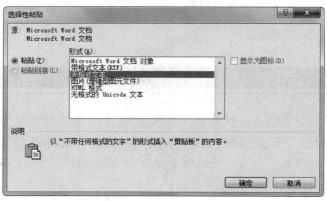

图8-3

（4）剪贴板中的内容将以选定的形式被粘贴到目标位置。

8.2.2　Excel表格内容的选择性粘贴

（1）在Excel表格中选择需要复制的单元格区域，并执行"复制"或"剪切"命令。

（2）打开要粘贴内容的Word文档，在"开始"选项卡下的"剪贴板"组中单击"粘贴"按钮下面的下拉按钮，在打开的下拉菜单中执行"选择性粘贴"命令或直接按Ctrl+Alt+V组合键。

（3）在打开的"选择性粘贴"对话框中选中"粘贴"单选按钮，然后在"形式"列表中选择一种粘贴格式，例如选择"Microsoft Excel 工作表 对象"选项，并单击"确定"按钮，如图8-4所示。

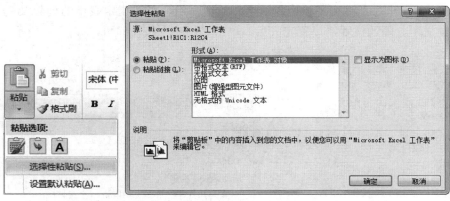

图8-4

（4）所复制的表格中的内容将以选定的形式被粘贴到目标位置。

8.2.3　网页内容的选择性粘贴

网页中的内容只能以3种形式被选择性粘贴至Word文档中，包括无格式文本、HTML格式和无格式的Unicode文本，如图8-5所示。

图8-5

8.3　文本和表格的相互转换

Word提供了文本与表格相互转换的功能，可以根据自己的需求随时转换文本为表格，也可以将表格转换为文本。

8.3.1　将文本转换为表格

对于一些排列十分整齐且有规律的纯文本数据，不必在新建表格中逐一移动数据，只需使用Word的"文本转换成表格"功能即可。

（1）选择需要转换为表格的文本，在"插入"选项卡下的"表格"组中单击"表格"下拉按钮，在弹出的下拉菜单中执行"文本转换成表格"命令，如图8-6所示。

（2）在打开的"将文字转换成表格"对话框中，可以指定表格的列数及列宽，还可以设置文字分隔的位置，设置完成后，单击"确定"按钮即可，如图8-7所示。

图8-6　　　　　　　　　　　　　　　　　图8-7

所谓文字分隔符，就是用于判断文字之间是否位于不同单元格的判别标记。Word会根据所选的内容优先选择文字分隔符，也可以根据需要对其进行自定义。

8.3.2　将表格转换为文本

在Word文档中，假若需要通过纯文本的方式记录表格内容，可以通过以下方式将Word表格快速转换为整齐的文本资料。

（1）选取需要转换为文本的表格区域，打开"表格工具"的"布局"选项卡，在"数据"组中单击"转换为文本"按钮，如图8-8所示。

（2）在打开的"表格转换成文本"对话框中，设置文字分隔的位置，单击"确定"按钮即可将表格转换成文本，如图8-9所示。

图8-8

图8-9

8.4　宏的应用

使用宏可以快速执行日常编辑和格式设置任务，也可以合并需要按顺序执行的多个命令，还可以自动执行一系列复杂的任务。

8.4.1　宏在Word中的应用

在Word文档中，宏是一系列Word命令的集合，通过运行宏的一个命令就可以完成一系列的Word命令，达到简化编辑操作的目的。Word中的宏能够在进行一系列费时而单调的重复性操作时，自动完成所需任务。可以把自己创建的宏指定到工具栏、菜单或者组合键上，通过单击一个按钮、选取一个命令或者按下一组组合键的方式来运行宏。

1．录制宏

对于重复性的工作，可以录制为一个宏，当需要再进行同样的操作时，执行该宏即可快速完成相同的工作。录制宏的操作方法如下。

（1）录制之前，要先做好准备工作，尤其要弄清楚需要宏执行哪些命令，这些命令的次序是什么。

（2）在"视图"选项卡下的"宏"组中，单击"宏"下拉按钮，在打开的列表中选择"录制宏"选项，如图8-10所示。

（3）在打开的"录制宏"对话框中，可在"宏名"文本框中输入新录制宏的名称；在"将宏保存在"下拉列表中选择保存宏的位置，如果选择Normal，则表示这个宏在所有文档中都可以使用，如果选择将该项宏保存在某个模板或者文档中，则只有指定的文档才可以使用该宏；在"说明"文本框中可以输入该宏的说明信息，如图8-11所示。

图8-10

（4）在"将宏指定到"选项区域中，单击"按钮"图标，打开"Word 选项"对话框，在"快速访问工具栏"选项卡下可以将宏添加到"自定义快速访问工具栏"中，如图8-12所示。

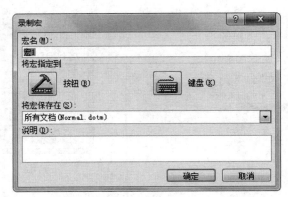

图8-11

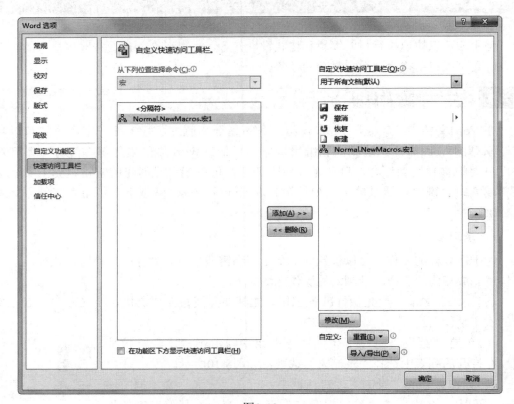

图8-12

（5）在"录制宏"对话框的"将宏指定到"选项区域中，单击"键盘"图标，打开"自定义键盘"对话框，在"请按新快捷键"文本框中输入组合键（此处以"Alt+Ctrl+A"为例），然后单击"指定"按钮，即可指定运行该宏的快捷键，如图8-13所示。

（6）单击"关闭"按钮，这时鼠标指针会变成形状，此时就可以录制宏了，按照前面的准备，依次执行宏要进行的操作。

（7）录制完毕后，在"视图"选项卡下的"宏"组中，单击"宏"下拉按钮，在弹出的列表中执行"停止录制"命令即可，如图8-14所示。这样，以后只需要按组合键即可运行该宏，完成一系列的操作。

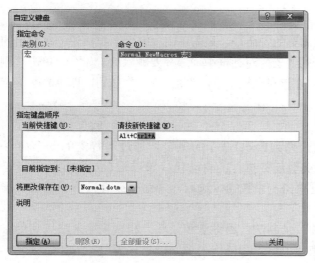

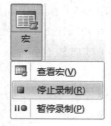

图8-13　　　　　　　　　　　　　　　　　　　　图8-14

提示：首先，宏的命名不能与Word中已有的标准宏重名，否则Word就会用新录制的宏记录的操作替换原有的宏记录的操作。其次，宏录制工具不记录执行的操作，只记录操作的结果。所以，不能记录鼠标在文档中的移动，如果要录制移动光标或选择、复制等操作，只能用键盘执行。

2．运行宏

如果创建的宏被指定到快速访问工具栏上，可通过单击相应的命令来执行。如果创建的宏被指定组合键，可通过按该组合键来执行。如果要运行在特殊模板上创建的宏，则应首先打开该模板或基于该模板创建的文档，然后运行宏即可。

在"视图"选项卡下的"宏"组中，单击"宏"下拉按钮，在弹出的列表中执行"查看宏"命令，打开"宏"对话框，如图8-15所示。选择要运行的宏命令，单击"运行"按钮，即可执行该宏命令；如果单击"单步执行"按钮，就可以每次只执行一步操作，可以清楚地看到每一步操作及其效果。

图8-15

3．删除宏

要删除在文档或模板中不需要的宏命令，只需单击"宏"下拉按钮，在弹出的列表中执行"查看宏"命令，在打开的"宏"对话框中，选择要删除的宏命令，单击"删除"按钮。这时弹出删除问询对话框，在该对话框中单击"是（Y）"按钮，即可删除该宏命令。

8.4.2 宏在Excel中的应用

在Excel工作簿中，宏是一系列Excel命令的集合，通过运行宏的一个命令就可以完成一系列的Excel命令，以实现任务执行的自动化。可以把自己创建的宏指定到工具栏、菜单或者组合键上，通过单击一个按钮、选取一个命令或者按下一组组合键的方式来运行宏。

一般创建宏的方式有两种：录制法（用键盘和鼠标）和直接输入法（利用宏编辑窗口）。通常比较方便的方法是使用键盘和鼠标来录制一系列需要的操作，录制宏的具体操作方法如下：

（1）录制之前，要先做好准备工作，尤其要弄清楚需要宏执行哪些命令，这些命令的次序是什么。

（2）在"视图"选项卡下的"宏"组中，单击"宏"下拉按钮，在打开的列表中执行"录制宏"命令，如图8-16所示。

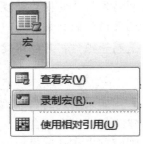

（3）在打开的"录制新宏"对话框中，在"宏名"文本框中输入新录制宏的名称。在"快捷键"文本框中指定运行宏的组合键，可用"Ctrl+小写字母"或"Ctrl+Shift+大写字母"。在"保存在"下拉列表中可以选择保存宏的位置，如果要使宏在Excel任何工作簿中都可使用，可以选择"个人宏工作簿"选项。在"说明"文本框中可以输入该宏的说明信息，如图8-17所示。

图8-16

（4）单击"确定"按钮，开始录制宏。按照前面的准备，依次执行宏要进行的操作。录制完毕后，在"视图"选项卡下的"宏"组中，单击"宏"下拉按钮，在打开的列表中执行"停止录制"命令即可，如图8-18所示。这样，以后只需要按下组合键即可运行该宏，完成一系列的操作。

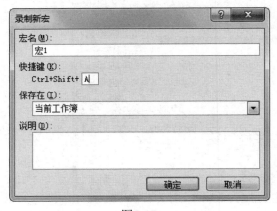

图8-17

图8-18

8.5　邮件合并操作

如果需要编辑多封邮件或者信函，而这些邮件或者信函只是收件人信息有所不同而内容完全一样时，使用邮件合并功能可以很方便地实现，从而提高办公效率。

邮件合并是将作为邮件发送的文档与由收件人信息组成的数据源合并在一起，作为完整的邮件，其操作的主要过程包括创建主文档、制作和处理数据源、合并数据等。邮件合并操作在Word 2010中有两种方法，一种是通过功能区的按钮完成，另一种是通过邮件合并向导完成。

8.5.1　利用功能区按钮完成邮件合并

利用功能区按钮完成邮件合并的操作方法如下：

1．创建主文档

合并的邮件由两部分组成，一部分是合并过程中保持不变的主文档，另一部分是包含多种信息的数据源。因此进行邮件合并时，首先应该创建主文档。在"邮件"选项卡下的"开始邮件合并"组中单击"开始邮件合并"下拉按钮，在打开的下拉列表中选择文档类型，如信函、电子邮件、信封、标签和目录等，这样就可创建一个主文档了，如图8-19所示。

选择"信函"或"电子邮件"可以制作一组内容类似的邮件正文，选择"信封"或"标签"可以制作带地址的信封或标签。

2．选择数据源

数据源是指要合并到文档中的信息文件，如果要在邮件合并中使用名称和地址列表等，主文档必须要连接到数据源，才能使用数据源中的信息。在"邮件"选项卡下的"开始邮件合并"组中单击"选择收件人"下拉按钮，在打开的下拉列表中选择数据源，如图8-20所示。

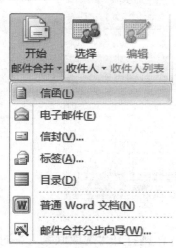

图8-19

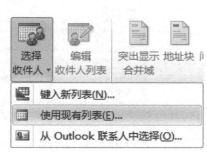

图8-20

（1）若执行"键入新列表"命令，则打开"新建地址列表"对话框，在其中可以新建条目、删除条目、查找条目，以及对条目进行筛选和排序，如图8-21所示。

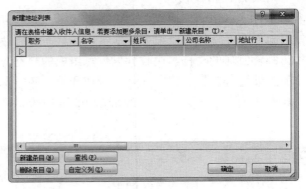

图8-21

（2）若执行"使用现有列表"命令，则打开"选取数据源"窗口，选择相应的excel表格后，单击"打开"按钮，如图8-22所示。此时将弹出"选择表格"对话框，从中选定以哪个工作表中的数据作为数据源，然后单击"确定"按钮，如图8-23所示。

图8-22

图8-23

（3）若执行"从Outlook联系人中选择"命令，则打开"选取联系人"对话框，从中选定以哪组联系人作为数据源，然后单击"确定"按钮，如图8-24所示。

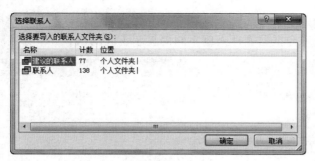

图8-24

3．选择收件人

（1）在"邮件"选项卡下的"开始邮件合并"组中单击"编辑收件人列表"按钮，如图8-25所示。

（2）在打开的"邮件合并收件人"对话框中，通过复选框可以选择添加或删除合并的收件人，也可以对列表中的收件人信息进行排序或筛选等操作，如图8-26所示。

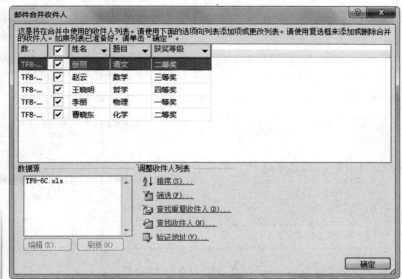

图8-25　　　　　　　　　　　　　　　　　　图8-26

4．编辑主文档

创建完数据源后就可以编辑主文档了，在编辑主文档的过程中，需要插入各种域，只有在插入域后，Word文档才成为真正的主文档。在"邮件"选项卡下的"编写和插入域"组中，可以在文档编辑区中根据每个收信人的不同内容添加相应的域，如图8-27所示。

图8-27

（1）单击"地址块"按钮，打开"插入地址块"对话框，可以在其中设置地址块的格式和内容，例如收件人名称、公司名称和通信地址等，如图8-28所示。地址块插入文档后，实际应用时会根据收件人的不同而显示不同的内容。

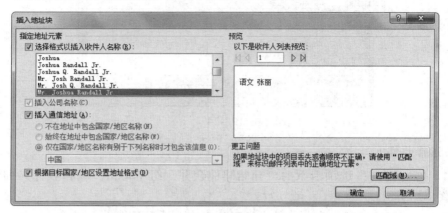

图8-28

（2）单击"问候语"按钮，打开"插入问候语"对话框，在其中可以设置文档中要使用的问候语，也可以自定义称呼、姓名格式等，如图8-29所示。

（3）在文档中将光标定位在需要插入某一域的位置处，单击"插入合并域"按钮，打开"插入合并域"对话框，在该对话框中选择要插入到信函中的项目，单击"插入"按钮即可完成信函与项目的合并，如图8-30所示。然后按照这个方法依次插入其他各域，这些项目的具体内容将根据收件人的不同而改变。

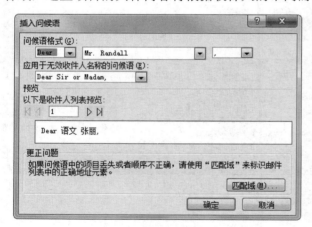

图8-29

图8-30

也可以定位好光标位置后，单击"插入合并域"下拉按钮，在打开的下拉列表中也可以依次选择插入各域，如图8-31所示。

图8-31

5．预览结果

完成信函与数据源的合并后，在"邮件"选项卡下的"预览结果"组中单击"预览结果"按钮，文档编辑区中将显示信函正文，其中收件人信息使用的是收件人列表中第一个收件人的信息。若希望看到其他收

件人的信函，可以单击按钮◄和►浏览"上一记录"和"下一记录"，单击按钮|◄和►|
浏览"首记录"和"尾记录"，如图8-32所示。

图8-32

6．完成合并

通过预览功能核对邮件内容无误后，在"邮件"选项卡下
的"完成"组中单击"完成并合并"下拉按钮，在打开的下拉列
表中，根据需要选择编辑单个文档、打印文档或是发送电子邮件
等，如图8-33所示。

图8-33

- 执行"编辑单个文档"命令，打开"合并到新文档"
  对话框，如图8-34所示。选中"全部"单选按钮，即可
  将所有收件人的邮件合并到一篇新文档中；选中"当
  前记录"单选按钮，即可将当前收件人的邮件形成一
  篇新文档；选中"从　到　"单选按钮，即可将选择区域内的收件人的邮件形
  成一篇新文档。

图8-34

- 执行"打印文档"命令，打开"合并到打印机"对话框，如图8-35所示。选中
  "全部"单选按钮，即可打印所有收件人的邮件；选中"当前记录"单选按
  钮，即可打印当前收件人的邮件；选中"从　到　"单选按钮，即可打印选择
  区域内的所有收件人的邮件。

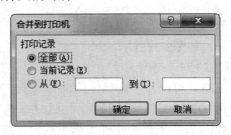

图8-35

● 执行"发送电子邮件"命令，打开"合并到电子邮件"对话框，如图8-36所示。"收件人"列表中的选项是与数据源列表保持一致的；在"主题行"文本框中可以输入邮件的主题内容；在"邮件格式"下拉列表框中可以选择以"附件"、"纯文本"或"HTML"格式发送邮件；在"发送记录"选项区域，可以设置是发送全部记录、当前记录，还是发送指定区域内的记录。

如果将完成邮件合并的主文档恢复为常规文档，只需要在"邮件"选项卡下的"开始邮件合并"组中单击"开始邮件合并"下拉按钮，在打开的下拉列表中执行"普通Word文档"命令即可，如图8-37所示。

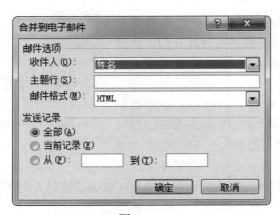

图8-36

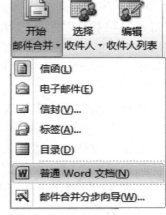

图8-37

8.5.2　利用邮件合并向导完成邮件合并

利用邮件合并向导完成邮件合并的操作方法如下：

（1）在"邮件"选项卡下的"开始邮件合并"组中单击"开始邮件合并"下拉按钮，在打开的下拉列表中执行"邮件合并分步向导"命令，即可打开"邮件合并"任务窗格。

（2）在"邮件合并"任务窗格中，首先选择需要的文档类型。选择"信函"或"电子邮件"可以制作一组内容类似的邮件正文，选择"信封"或"标签"可以制作带地址的信封或标签，如图8-38所示。

（3）单击"下一步：正在启动文档"链接，在打开的任务窗格中选中"使用当前文档"单选按钮，可以在当前活动窗口中创建并编辑信函；选中"从模板开始"单选按钮，可以选择信函模板；选中"从现有文档开始"单选按钮，则可以在弹出的对话框中选择已有的文档作为主文档，如图8-39所示。

（4）在"选择开始文档"任务窗格中，单击"下一步：选取收件人"链接，即可显示"选择收件人"任务窗格，可以从中选择使用现有列表，单击"浏览"按钮，选择数据源，在打开的"邮件合并收件人"对话框中，通过复选框可以选择添加或删除合并的收件人。也可以选择Outlook联系人作为收件人列表或输入新列表，如图8-40所示。

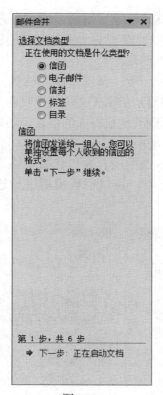

图8-38　　　　　　　　　　　　　图8-39

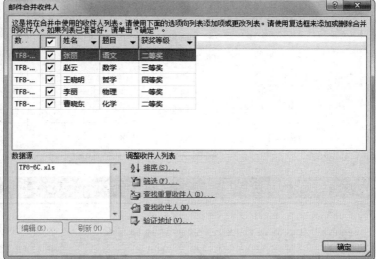

图8-40

（5）正确选择数据源后，单击"下一步：撰写信函"链接，即可显示"撰写信函"任务窗格，可以在文档编辑区中根据每个收信人的不同内容添加相应的域，如地址块、问候语、电子邮政以及其他项目等，如图8-41所示。

（6）在指定位置插入相应的域后，单击"下一步：预览信函"链接，即可显示"预览信函"任务窗格。此时，在文档编辑区中将显示信函正文，其中收件人信息使用的是收件人列表中第一个收件人的信息，若希望看到其他收件人的信息，可以单击"收件人"选项两旁的按钮 [«] 和 [»] 进行浏览，如图8-42所示。

（7）单击"下一步：完成合并"链接，显示"完成合并"任务窗格，在此区域可以实现两个功能：合并到打印机和合并到新文档，可以根据需要进行选择，如图8-43所示。

图8-41

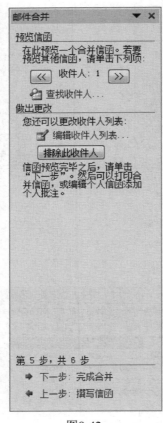
图8-42

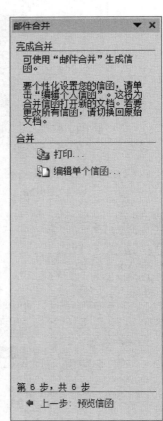
图8-43

8.6 样题解答

 随书光盘中提供了本样题的操作视频。

执行"文件"→"打开"命令，在"查找范围"文本框中找到指定路径，选择A8.docx文件，单击"打开"按钮。

1．选择性粘贴

第1步：打开文件C:\2010KSW\DATA2\TF8-1A.xlsx，选中Sheet1工作表中的表格区域B2:H8，单击"开始"选项卡下"剪贴板"组中的"复制"按钮，如图8-44所示。

图8-44

第2步：在A8.docx文档中，将光标定位在文本"恒大中学2010年秋季招生收费标准（元）"下，在"开始"选项卡下的"剪贴板"组中单击"粘贴"下拉按钮，在打开的下拉菜单中执行"选择性粘贴"命令，如图8-45所示，弹出"选择性粘贴"对话框。

第3步：在弹出的"选择性粘贴"对话框中点选"粘贴"单选按钮，然后在"形式"列表中选中"Microsoft Excel 工作表 对象"选项，如图8-46所示，单击"确定"按钮。

图8-45

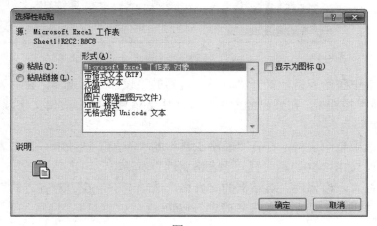

图8-46

2．文本与表格间的相互转换

第4步：在A8.docx文档中，选中"恒大中学各地招生站及联系方式"下要转换为表格的所有文本，在"插入"选项卡下的"表格"组中单击"表格"按钮，在打开的下拉列表中执行"文本转换成表格"命令，如图8-47所示。

第5步：弹出"将文字转换成表格"对话框，在"列数"文本框中调整或输入"3"，在"行数"文本框中系统会根据所选定的内容自动设置数值；在"'自动调整'操作"选项区域点选"固定列宽"单选按钮，然后在其后面文本框中调整或输入"4厘米"；在"文字分隔位置"选项区域点选"制表符"单选按钮，如图8-48所示，单击"确定"按钮。

图8-47

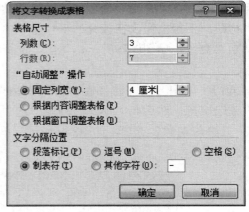

图8-48

第6步：选中整个表格，打开"表格工具"的"设计"选项卡，在"表格样式"组中单击"其他"按钮▼，在弹出的库中选择"中等深浅底纹1-强调文字颜色4"表格样式，如图8-49所示。

第7步：选中整个表格，打开"表格工具"的"布局"选项卡，在"表"组中单击"属性"按钮，如图8-50所示，打开"表格属性"对话框。

第8步：在"表格属性"对话框的"表格"选项卡下，在"对齐方式"选项区域选中"居中"，如图8-51所示，单击"确定"按钮。

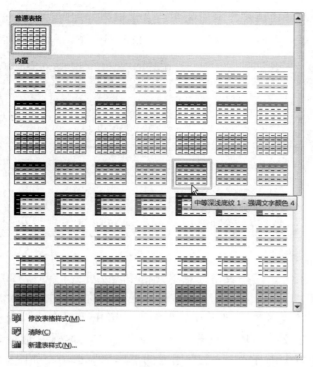

图8-49

图8-50

图8-51

3．录制新宏

第9步：执行"开始"→"所有程序"→"Microsoft Office"→"Microsoft Excel 2010"命令，创建一个新的Excel文件。

第10步：在"视图"选项卡下的"宏"组中，单击"宏"下拉按钮，在打开的列表中选择"录制宏"选项，如图8-52所示。

第11步：弹出的"录制新宏"对话框，在"宏名"文本框中输入新录制宏的名称

A8A，将鼠标定位在"快捷键"下面的空白文本框中，同时按下Shift + F键，在"保存在"下拉列表中选择"当前工作簿"选项，如图8-53所示，单击"确定"按钮。

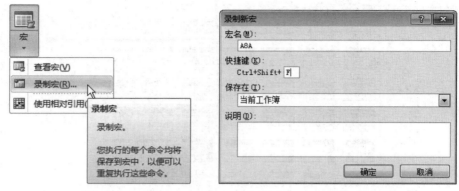

图8-52   图8-53

第12步：开始录制宏，在表格任意单元格中输入公式"=5+7*20"，在"视图"选项卡下的"宏"组中，单击"宏"下拉按钮，在打开的列表中执行"停止录制"命令。

第13步：执行"文件"→"另存为"命令，弹出"另存为"对话框，在"保存位置"列表中选择考生文件夹所在位置，在"文件名"文本框中输入文件名"A8-A"，在"保存类型"列表中选择"Excel 启用宏的工作簿"选项，如图8-54所示，单击"保存"按钮。

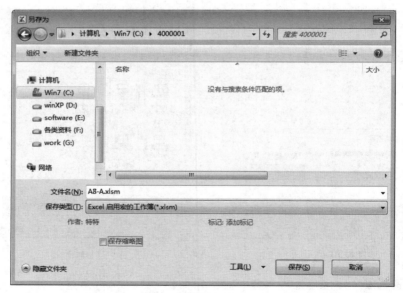

图8-54

4．邮件合并

第14步：打开文件C:\2010KSW\DATA2\TF8-1B.docx，执行"文件"→"另存为"命令。弹出"另存为"对话框，在"保存位置"列表中选择考生文件夹所在位置，在"文件名"文本框中输入文件名"A8-B"，单击"保存"按钮。

第15步：在A8-B.docx文档中，单击"邮件"选项卡下"开始邮件合并"组中的"开始邮件合并"按钮，在打开的下拉列表中选择"信函"文档类型，如图8-55所示。再单击该组中的"选择收件人"按钮，在打开的下拉列表中选择"使用现有列表"选项，如图8-56所示。

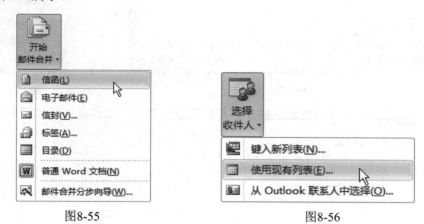

图8-55　　　　　　　　　　　　　　图8-56

第16步：弹出"选取数据源"对话框，从中选择C:\2010KSW\DATA2\TF8-1C.xlsx文件，如图8-57所示，单击"打开"按钮。

图8-57

第17步：弹出"选择表格"对话框，选中Sheet1工作表，如图8-58所示，单击"确定"按钮。

第18步：将光标定位在"邮编："后面，在"邮件"选项卡下"编写和插入域"组中单击"插入合并域"下拉按钮，从拉开的下拉列表中选择"邮编"，如图8-59所示，依次类推，分别将"收信人地址"、"收信人姓名"和"称谓"插入到相应的位置处。

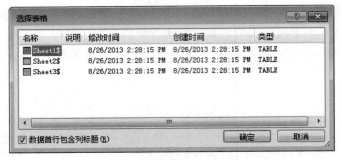

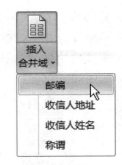

图8-58 图8-59

第19步：完成"插入合并域"操作，并依次进行核对并确保无误，如图8-60所示。

邮编：《邮编》

寄：《收信人地址》

《收信人姓名》 《称谓》〈收〉

北京市海淀区中关村 168 号

邮政编码：100866

图8-60

第20步：通过预览功能核对邮件内容无误后，在"邮件"选项下的"完成"组中单击"完成并合并"下拉按钮，在打开的下拉列表中选择"编辑单个文档"选项，如图8-61所示。

第21步：弹出"合并到新文档"对话框，选择"全部"单选按钮，如图8-62所示，单击"确定"按钮，即可完成邮件合并操作，并自动生成新文档"信函1"。

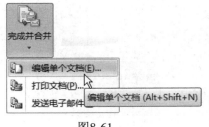

图8-61 图8-62

第22步：在新文档"信函1"中，执行"文件"→"另存为"命令，弹出"另存为"对话框，在"保存位置"列表中选择考生文件夹所在位置，在"文件名"文本框中输入文件名"A8-C"，单击"保存"按钮。